Gailülun yu Shuli Tongji Xuexi Zhidaoshu

概率论与数理统计学习指导书

张　雷　赵磊娜　邹昌文　主　编

人民交通出版社股份有限公司

北京

内 容 提 要

本书按照浙江大学盛骤等编写的《概率论与数理统计》(第四版)的框架结构和顺序,每一章编排了六部分内容:教学基本要求、重点与难点(疑难分析)、主要内容总结、典型例题分析、基础练习题和提高练习题。为了让学生对概率论与数理统计的发展历史有所了解,本书还整理汇编了概率史和统计史的有关资料。

本书可供高等学校理工科和经管类专业师生学习参考。

Gailun yu Shuli Tongji Xuexi Zhidaoshu

图书在版编目(CIP)数据

概率论与数理统计学习指导书 / 张雷,赵磊娜,

邹昌文主编. — 北京 : 人民交通出版社股份有限公司,

2017.7

ISBN 978-7-114-13958-1

Ⅰ. ①概… Ⅱ. ①张… ②赵… ③邹… Ⅲ. ①概率论

—高等学校—教学参考资料②数理统计—高等学校—教学

参考资料 Ⅳ. ①O21

中国版本图书馆 CIP 数据核字(2017)第 152886 号

书　　　名:	概率论与数理统计学习指导书
著 作 者:	张　雷　赵磊娜　邹昌文
责 任 编 辑:	富砚博　郭红蕊
出 版 发 行:	人民交通出版社股份有限公司
地　　　址:	(100011)北京市朝阳区安定门外外馆斜街 3 号
网　　　址:	http://www.ccpcl.com.cn
销 售 电 话:	(010)59757973
总 经 销:	人民交通出版社股份有限公司发行部
经　　　销:	各地新华书店
印　　　刷:	北京建宏印刷有限公司
开　　　本:	787×1092　1/16
印　　　张:	7.5
字　　　数:	174 千
版　　　次:	2017 年 7 月　第 1 版
印　　　次:	2024 年 7 月　第 11 次印刷
书　　　号:	ISBN 978-7-114-13958-1
定　　　价:	25.00 元

(有印刷、装订质量问题的图书由本公司负责调换)

前　言

概率论与数理统计作为一门探索和研究客观世界随机现象规律性的数学学科,是高等学校理工科和经管类专业学生必修的公共基础课,也是全国硕士研究生入学考试数学科目的必考内容之一。概率论与数理统计课程具有内容丰富、技巧性强、应用广泛等特点,要求学生不仅能掌握课程的基本概念、基本理论,还需要在课外进行一定数量习题练习以拓展课堂知识,掌握解题方法与技巧。

为了给学生提供一本全面的课后学习参考资料,给讲授这门课程的教师提供教学参考书,由数位教学经验丰富且长年工作在教学一线的中青年教师,结合长期的教学实践和教学经验,按照浙江大学盛骤等编写的《概率论与数理统计》(第四版)的框架结构和顺序编写了本书。本书信息量较大,针对每一章编排了六部分内容:教学基本要求、重点与难点(疑难分析)、主要内容总结、典型例题分析、基础练习题和提高练习题。为了让学生对概率论与数理统计的发展历史有所了解,本书还整理汇编了概率史和统计史的有关资料。

本书的编写工作由张雷、赵磊娜、邹昌文完成:张雷编写第 1~4 章,赵磊娜编写第 5~7 章,邹昌文编写第 8 章,全书由邹昌文负责统稿和校对。

本书编写过程中参考了相关的教材和书籍,并得到了重庆交通大学教务处、数学与统计学院以及相关部门领导的大力支持。在此仅向关心和支持本书出版的所有领导和同仁表示衷心的感谢!

限于编者水平,书中疏漏、不妥之处在所难免,恳请各位专家、同行、读者批评指正,在此深表谢意!

编　者
2017 年 3 月

目　　录

第1章　概率论的基本概念

1.1　教学基本要求

(1)理解随机事件的概念,了解样本空间的概念,掌握随机事件之间的关系与运算;

(2)理解事件频率、概率概念,掌握概率的基本性质,会运用性质进行概率的计算;

(3)理解条件概率的定义,掌握概率的加法公式、乘法公式,会应用全概率公式和贝叶斯公式;

(4)理解事件独立性的概念,会用事件独立性进行概率计算的方法。

1.2　重点与难点

重点:

(1)随机事件及事件间的运算关系;

(2)概率的公理化定义及概率的基本性质的应用;

(3)乘法定理及条件概率公式;

(4)事件的独立性及应用独立性进行有关概率的计算。

难点:

(1)概率的公理化定义及概率的基本性质的应用;

(2)条件概率、全概率公式和贝叶斯公式的应用。

1.3　主要内容

1.3.1　主要内容结构

主要内容结构如图1.1所示。

1.3.2　知识点概述

1)随机试验、样本空间、随机事件

(1)随机现象:事先无法准确预知其后果的现象。

(2)随机试验:对随机现象的观测称为随机试验,记为 E。随机试验一般应满足如下三个条件:相同条件下可以重复试验;试验的结果是可以观察的,所有可能结果是明确的;每次实验将要出现的结果是不确定的,事先无法准确预知。

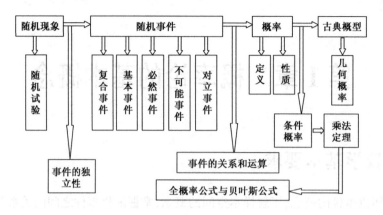

图 1.1 主要内容结构图

(3)样本点:随机试验的每个可能的结果称为该试验的一个样本点。

(4)样本空间:一个随机实验所有样本点构成的集合称为该试验的样本空间,记为 S。

(5)随机事件:随机试验 E 的样本空间 S 的子集为 E 的随机事件,简称事件,记为 A, B,…。

(6)基本事件:由一个样本点组成的单点集。

(7)必然事件:在试验中一定发生的事件,记为 S。

(8)不可能事件:在每次试验中都不发生,记为 $\varnothing$。

2)事件间的关系与事件的运算

(1)包含:如果事件 A 的发生必然导致事件 B 的发生,则称事件 B 包含事件 A,或称事件 A 包含于事件 B,记作 $B \supset A$ 或 $A \subset B$。

(2)相等:如果 $A \subset B$,且 $B \supset A$,则称事件 A 与 B 相等,记作 $A = B$。

(3)事件的并(和):"两个事件 A 与 B 中至少有一个事件发生"这一事件称为事件 A 与 B 的并(和),记作 $A \cup B$ 或 $A + B$。

(4)事件的交(积):"两个事件 A 与 B 同时发生"这一事件称为事件 A 与 B 的交(积),记作 $A \cap B$ 或 AB。

(5)事件的差:"事件 A 发生而事件 B 不发生"这一事件称为事件 A 与 B 的差,记作 $A - B$。

(6)互不相容(互斥):如果两事件 A 与 B 不可能同时发生,即 $AB = \varnothing$,则称事件 A 与 B 是互不相容的,或互斥的。

(7)对立事件:"事件 A 不发生"这一事件称为事件 A 的对立事件,记作 $\bar{A}$。事件 A 与事件 B 互为对立事件当且仅当满足 $A \cup B = S$ 且 $A \cap B = \varnothing$。

【备注】 事件 A 与事件 B 互逆可推出事件 A 与事件 B 互斥,反之不对。

3)事件的关系与运算性质

(1)基本性质

① $\varnothing \subset A \subset S$;

②$A - B = A\,\overline{B} = A - AB$；

③$\overline{A} = S - A$；

④$A \cup B = A \cup (B - A) = (A - B) \cup (B - A) \cup (AB)$；

⑤$\overline{\overline{A}} = A$。

（2）运算律

①交换律：$A \cup B = B \cup A, A \cap B = B \cap A$；

②结合律：$A \cup (B \cup C) = (A \cup B) \cup C, A \cap (B \cap C) = (A \cap B) \cap C$；

③分配律：$A \cup (B \cap C) = (A \cup B) \cap (A \cup C), A \cap (B \cup C) = (A \cap B) \cup (A \cap C)$；

④德摩根律：$\overline{A \cup B} = \overline{A} \cap \overline{B}, \overline{A \cap B} = \overline{A} \cup \overline{B}$。

4）频率的定义和性质

（1）频率的定义：事件 A 在 n 次试验中出现的次数 n_A 称为事件 A 发生的频数，比值 n_A/n 称为事件 A 发生的频率，记为 $f_n(A)$。

（2）频率的性质：

①$0 \leqslant f_n(A) \leqslant 1$；

②$f_n(S) = 1$；

③若 $A_1, A_2, \cdots, A_k$ 是两两互不相容的事件，则

$$f_n(A_1 \cup A_2 \cup \cdots \cup A_k) = f_n(A_1) + f_n(A_2) + \cdots + f_n(A_k)$$

5）概率的定义和性质

（1）概率的定义：设 E 为随机试验，S 是它的样本空间。对于 E 的每一事件 A 赋予一个实数，记为 $P(A)$，称为事件 A 的概率，如果集合函数 $P(\cdot)$ 满足下列条件：

非负性：对于每一事件 A，均有 $P(A) \geqslant 0$；

规范性：对于必然事件 S，有 $P(S) = 1$；

可列可加性：设 $A_1, A_2, \cdots$ 是两两互不相容的事件，即对于 $A_i A_j = \varnothing, i \neq j, i, j = 1, 2, \cdots$，有

$$P(A_1 \cup A_2 \cup \cdots) = P(A_1) + P(A_2) + \cdots$$

（2）概率的性质：

①$P(\varnothing) = 0$；

②有限可加性：若 $A_1, A_2, \cdots, A_n$ 是两两互不相容的事件，则有

$$P(A_1 \cup A_2 \cup \cdots \cup A_n) = P(A_1) + P(A_2) + \cdots + P(A_n)；$$

③若 $A \subset B$，则有 $P(B) \geqslant P(A)$，且 $P(B - A) = P(B) - P(A)$；

【注】 一般地，对任意事件 A、B，有减法公式

$$P(B - A) = P(B) - P(AB) = P(B\,\overline{A})$$

④对任一事件 A，有 $0 \leqslant P(A) \leqslant 1$；

⑤对任一事件 A，有 $P(\overline{A}) = 1 - P(A)$；

⑥对任意两事件 A、B，有 $P(A \cup B) = P(A) + P(B) - P(AB)$；

对任意三个事件 A、B、C，有

$$P(A \cup B \cup C) = P(A) + P(B) + P(C) - P(AB) - P(BC) - P(AC) + P(ABC)$$

6）古典概率

（1）古典概型的假设条件：

①实验的样本空间只包含有限个元素；

②实验中每个基本事件发生的可能性相同。

（2）古典概型的概率计算公式：

设 S 是一个古典概型样本空间，则对任意事件 A，有

$$P(A) = \frac{A \text{ 中的样本点数}}{S \text{ 中的样本点数}} = \frac{A \text{ 包含的基本事件数}}{S \text{ 中基本事件的总数}}$$

7）条件概率

设 A、B 是两个事件，且 $P(A) > 0$，称 $P(B|A) = \frac{P(AB)}{P(A)}$ 为 A 发生的条件下 B 发生的概率。

条件概率具有如下性质：

①$P(A_1 \cup A_2 | B) = P(A_1 | B) + P(A_2 | B) - P(A_1 A_2 | B)$；

②$P(B|A) = 1 - P(\bar{B}|A)$。

【备注】 在固定 A 的条件下 $P(B|A)$ 为概率，故有关概率的其他性质对条件概率也成立。

8）乘法定理、全概率公式和贝叶斯公式

（1）乘法公式：

①两个事件：设 $P(A) > 0$，则有 $P(AB) = P(A)P(B|A)$；

②n 个事件：设 $P(A_1 A_2 \cdots A_{n-1}) > 0$，则有

$$P(A_1)P(A_2 | A_1)P(A_3 | A_1 A_2) \cdots P(A_n | A_1 A_2 \cdots A_{n-1})。$$

（2）全概率公式：

设试验 E 的样本空间为 S，A 为 E 的事件，$B_1, B_2, \cdots, B_n$ 为 S 的一个划分，即 $B_1 \cup B_2 \cup \cdots \cup B_n = S$，$B_i B_j = \varnothing (1 \leq i \neq j \leq n)$，且 $P(B_i) > 0 (i = 1, 2, \cdots, n)$，则

$$P(A) = P(A | B_1)P(B_1) + P(A | B_2)P(B_2) + \cdots + P(A | B_n)P(B_n)$$

（3）贝叶斯公式：

设试验 E 的样本空间为 S，A 为 E 的事件，$B_1, B_2, \cdots, B_n$ 为 S 的一个划分，且 $P(A) > 0$，$P(B_i) > 0 (i = 1, 2, \cdots, n)$，则

$$P(B_i | A) = \frac{P(A | B_i)P(B_i)}{\sum\limits_{j=1}^{n} P(A | B_j)P(B_j)} \quad i = 1, 2, \cdots, n$$

9）独立性

（1）若两个事件 A 与 B 满足 $P(AB) = P(A)P(B)$，则称事件 A 与 B 相互独立。

（2）若事件 A 与 B 相互独立，则事件 A 与 $\bar{B}$，$\bar{A}$ 与 B，$\bar{A}$ 与 $\bar{B}$ 也相互独立。

（3）事件 A、B、C，若满足 $P(AB) = P(A)P(B)$、$P(AC) = P(A)P(C)$、$P(BC) = P(B)P(C)$，且 $P(ABC) = P(A)P(B)P(C)$，则三个事件相互独立。

（4）若 $P(A) = 0$ 或 $P(A) = 1$，则 A 与任何事件 B 都独立。

（5）若 $A_1, A_2, \cdots, A_{n-1}$ 相互独立，则 $P(A_1 A_2 \cdots A_n) = P(A_1)P(A_2) \cdots P(A_n)$。

【备注】 独立的本质就是两事件中一事件的发生与否不影响另一事件发生的概率，即条件概率等于无条件概率：$P(B|A) = P(B|\bar{A}) = P(B)$。

1.4 典型例题分析

1.4.1 有关事件的关系与运算的例题

【例1.1】 一个工人生产了3个零件，以事件 A_i 来表示他生产的 i 个零件是合格品（$i = 1, 2, 3$），试用 $A_i(i = 1, 2, 3)$ 表示下列事件：

（1）只有第一个零件是合格品 B_1；

（2）三个零件中只有一个合格品 B_2；

（3）第一个是合格品，但后两个零件中至少有一个次品 B_3；

（4）三个零件中最多只有两个合格品 B_4；

（5）三个零件都是次品 B_5；

（6）三个零件中最多有一个次品 B_6。

【解】 （1）B_1 等价于："第一个零件是合格品，同时第二个和第三个都是次品"，故有 $B_1 = A_1 \bar{A}_2 \bar{A}_3$。

（2）B_2 等价于"第一个是合格品而第二、三个是次品"或"第二个是合格品而第一、三个是次品"或"第三个是合格品而第一、二个是次品"，故有 $B_2 = A_1 \bar{A}_2 \bar{A}_3 \cup \bar{A}_1 A_2 \bar{A}_3 \cup \bar{A}_1 \bar{A}_2 A_3$。

（3）$B_3 = A_1(\bar{A}_2 \cup \bar{A}_3)$。

（4）（方法一）事件 B_4 的逆事件是"三个零件都是合格品"，故 $B_4 = \overline{A_1 A_2 A_3}$。

（方法二）与 B_4 等价的事件是"三个零件中至少有一个次品"，于是 $B_4 = \bar{A}_1 \cup \bar{A}_2 \cup \bar{A}_3$。

（5）$B_5 = \bar{A}_1 \bar{A}_2 \bar{A}_3$，可以利用事件"三个零件中至少有一个次品"的逆事件与 B_5 等价，得出 $B_5 = \overline{A_1 \cup A_2 \cup A_3}$。

（6）B_6 等价于"三个事件中无次品"或"三个零件中只有一个次品"，故有 $B_6 = A_1 A_2 A_3 \cup \bar{A}_1 A_2 A_3 \cup A_1 \bar{A}_2 A_3 \cup A_1 A_2 \bar{A}_3$。

另外，也可以利用 B_6 与事件"三个零件中至少有两个合格品"等价，知 $B_6 = A_1 A_2 \cup A_2 A_3 \cup A_1 A_3$。 **【解毕】**

【例1.2】 设随机事件 A、B、C 满足 $C \supset AB$，$\bar{C} \supset \bar{A}\bar{B}$，证明：$AC = C\bar{B} \cup AB$。

【思路】 要证 $AC = C\bar{B} \cup AB$。由于左边没有 B 出现，故可利用 B 和 $\bar{B}$ 构成 S 的一个划分，将 AC 写成 $AC = ACS = AC(B \cup \bar{B}) = ACB \cup AC\bar{B}$ 再利用题设的条件来证明。

【证】 由于 $\bar{C} \supset \bar{A}\bar{B}$，故 $C \subset A \cup B$，从而

$$C\bar{B} \subset (A \cup B)\bar{B} = A\bar{B}$$

$$CA\bar{B} = C\bar{B} \cap A\bar{B}$$

$$ACB = C \cap AB = AB$$

故

$$AC = AC(B \cup \bar{B}) = ACB \cup AC\bar{B} = C\bar{B} \cup AB$$ 【证毕】

【技巧】 类似问题,可首先利用图来考查,从而可直观地给出事件之间的关系。

1.4.2 利用概率性质进行计算

【例1.3】 已知$P(A) = p, P(B) = q, P(A \cup B) = p + q$,求$P(\bar{A} \cup B)$的值。

【解】 由概率公式直接计算:

$$\begin{aligned} P(\bar{A} \cup B) &= P(\bar{A}) + P(B) - P(\bar{A}B) \\ &= P(\bar{A}) + P(B) - [P(B) - P(AB)] \\ &= P(\bar{A}) = 1 - p \end{aligned}$$ 【解毕】

【备注】 由题设及加法法则知$P(AB) = 0$,尽管AB一般不等于$\varnothing$,但在概率计算时,视其为$\varnothing$也不会影响计算结果。在求填空题时,这是一种很好的技巧。

由于$P(A) = p, P(B) = q, P(A \cup B) = p + q$,故

$$B \subset \bar{A}$$

从而

$$P(\bar{A} \cup B) = P(\bar{A}) = 1 - P(A) = 1 - p$$

【例1.4】 已知$P(AB) = 0.2, P(B) = 0.4, P(A\bar{B}) = 0.6$,求$P(\bar{A}\bar{B})$的值。

【解】 由于 $P(\bar{A}\bar{B}) = 1 - P(A + B)$

又因为

$$P(A + B) = P(A) + P(B) - P(AB)$$
$$P(A) = P(AB) + P(A\bar{B})$$

所以

$$\begin{aligned} P(\bar{A}\bar{B}) &= 1 - [P(A) + P(B) - P(AB)] \\ &= 1 - [P(AB) + P(A\bar{B}) + P(B) - P(AB)] \\ &= 1 - 0.6 - 0.4 = 0 \end{aligned}$$ 【解毕】

【例1.5】 设A、B为两事件,且$P(A) = p, P(AB) = P(\bar{A}\bar{B})$,求$P(B)$。

【解】 由于

$$P(\bar{A}\bar{B}) = P(\overline{A \cup B}) = 1 - P(A \cup B) = 1 - [P(A) + P(B) - P(AB)]$$

又由于$P(AB) = P(\bar{A}\bar{B})$,且$P(A) = p$,故

$$P(B) = 1 - P(A) = 1 - p$$ 【解毕】

1.4.3 古典概型的概率计算

【例1.6】 (袋中取球问题)一袋中有9个球,其中4个黑球,5个白球,现随机地按下列方式从袋中取出3个球,试求取出的球中恰好有2个黑球、1个白球的概率。

(1)一次取三个;

（2）一次取一个，取后不放回；

（3）一次取一个，取后放回。

【思路】 这是古典概型中的一类最基本的问题，许多问题都可归结为此类问题。问题的特点是所考虑的事件中只涉及球的颜色，不涉及取球的顺序。

【解】 设三种方式下对应的三个事件分别为 A_1、A_2、A_3，由古典概型得

（1）$P(A_1) = \dfrac{C_4^2 C_5^1}{C_9^3} = \dfrac{5}{14}$；

（2）$P(A_2) = \dfrac{P_4^2 P_5^1 C_3^2}{P_9^3} = \dfrac{5}{14}$；

（3）$P(A_3) = \dfrac{C_3^1 \times 4^2 \times 5}{9^3} = \dfrac{80}{243}$。 【解毕】

【备注】 在抽球问题中，"一次取出 k 个球"与"逐个无放回取出 k 个球"所对应事件的概率是相同的，但与"有放回取出 k 个球"是不同的。

【例1.7】 （排序问题）在整数 $0 \sim 9$ 这 10 个数中任取 4 个不同的数，能排成一个四位偶数的概率是多少？

【解】 记事件 A 为"能排成一个四位数"，据题意按两种情况分析，按个位、千位、百位、十位的次序进行排序，个位为 0 的情况有 $1 \times 9 \times 8 \times 7$ 种排法，个位不为 0 的情况有 $4 \times 8 \times 8 \times 7$ 种排法，故

$$P(A) = \frac{1 \times 9 \times 8 \times 7 + 4 \times 8 \times 8 \times 7}{10 \times 9 \times 8 \times 7} = \frac{41}{90}$$ 【解毕】

【备注】 四位偶数有两个要求，即个位必须是偶数，且千位不能为 0。

1.4.4 条件概率的计算

【例1.8】 某种机器按设计要求使用寿命超过 20 年的概率为 0.8，超过 30 年的概率为 0.5，该机器使用 20 年后，将在 10 年内损坏的概率为多少？

【思路】 该问题是一个典型的条件概率的题目，直接由条件概率的定义计算可得。

【解】 设 $A = \{$该机器使用寿命超过 20 年$\}$，$B = \{$该机器使用寿命超过 30 年$\}$。

现求在事件 A 发生的条件下，事件 $\overline{B}$ 发生的条件概率，由定义得

$$P(B \mid A) = \frac{P(AB)}{P(A)} = \frac{P(B)}{P(A)} = \frac{0.5}{0.8} = \frac{5}{8}$$

进而

$$P(\overline{B} \mid A) = 1 - P(B \mid A) = 1 - \frac{5}{8} = \frac{3}{8}$$ 【解毕】

【例1.9】 一次掷 10 颗骰子，已知至少出现一个一点，问至少出现两个一点的概率是多少？

【思路】 由于"至少出现两个一点"包含了在同一条件下恰好出现"两个一点"，"三个一

点",……,"10个一点"9种情形,因此转而考虑其逆事件较为简便地。

【解】 设 $A = \{$至少出现一个一点$\}$,$B = \{$至少出现两个一点$\}$。则所求概率为

$$P(B \mid A) = 1 - P(\bar{B} \mid A) = 1 - \frac{P(\bar{B}A)}{P(A)}$$

因为 $B = \{$至少出现两个一点$\}$,故 $\bar{B}A = \{$恰好出现一个点$\}$,于是

$$P(\bar{B}A) = \frac{10 \times 5^9}{6^{10}} \approx 0.3230$$

且

$$P(A) = 1 - P(\bar{A}) = 1 - \frac{5^{10}}{6^{10}} \approx 0.8385$$

所以

$$P(B \mid A) = 1 - \frac{P(\bar{B}A)}{P(A)} \approx 1 - \frac{0.3230}{0.8385} = 0.6148 \qquad \text{【解毕】}$$

1.4.5 有关乘法公式、全概率公式和贝叶斯公式的计算

【例1.10】 一批产品共100件,对产品进行不放回抽样检查,整批产品不合格的条件是:在被检查的5件产品中至少有一件是次品,如果在该批产品中有5%是次品,求该批产品被拒绝接受的概率。

【思路】 设 $A = \{$该批产品被拒绝接受$\}$;$A_i = \{$被检查的第 i 件产品是次品$\}$,$i = 1, 2, \cdots, 5$,则 $A = A_1 \cup A_2 \cup A_3 \cup A_4 \cup A_5$,要直接利用加法公式计算很复杂,因而转为考虑求其逆事件的概率,而后者可由乘法公式来计算。

【解】 由于 $A = A_1 \cup A_2 \cup A_3 \cup A_4 \cup A_5$,故

$$P(A) = 1 - P(\bar{A_1}\bar{A_2}\bar{A_3}\bar{A_4}\bar{A_5})$$
$$= 1 - P(\bar{A_1})P(\bar{A_2} \mid \bar{A_1})P(\bar{A_3} \mid \bar{A_1}\bar{A_2})P(\bar{A_4} \mid \bar{A_1}\bar{A_2}\bar{A_3})P(\bar{A_5} \mid \bar{A_1}\bar{A_2}\bar{A_3}\bar{A_4})$$

又

$$P(A_1) = 1 - P(\bar{A_1}) = \frac{95}{100}$$

$$P(\bar{A_2} \mid \bar{A_1}) = \frac{94}{99}, P(\bar{A_3} \mid \bar{A_1}\bar{A_2}) = \frac{93}{98}$$

$$P(\bar{A_4} \mid \bar{A_1}\bar{A_2}\bar{A_3}) = \frac{92}{97}, P(\bar{A_5} \mid \bar{A_1}\bar{A_2}\bar{A_3}\bar{A_4}) = \frac{91}{96}$$

故

$$P(A) = 1 - \frac{95}{100} \times \frac{94}{99} \times \frac{93}{98} \times \frac{92}{97} \times \frac{91}{96} = 0.23 \qquad \text{【解毕】}$$

【注】 其实,此题也可以直接用古典概型来计算 $\bar{A}$ 的概率,因为 $\bar{A}$ 只有一种情况,即所取第5件均为正品,故 $P(\bar{A}) = \frac{C_{95}^5}{C_{100}^5}$,从而

$$P(A) = 1 - P(\bar{A}) = 1 - \frac{C_{95}^5}{C_{100}^5} = 0.23$$

【例1.11】 对某一目标依次进行了三次独立的射击,设第一、二、三次射击的命中率分别为0.4、0.5和0.7,试求:

(1)三次射击中恰好有一次命中的概率;

(2)三次射击中至少有一次命中的概率。

【解】 令 $A_i = \{第 i 次射击命中目标\}, i = 1, 2, 3$

$B = \{三次中恰好有一次命中\}; C = \{三次中至少有一次命中\}$

则

$$B = A_1\bar{A}_2\bar{A}_3 \cup \bar{A}_1 A_2 \bar{A}_3 \cup \bar{A}_1 \bar{A}_2 A_3$$

$$C = A_1 \cup A_2 \cup A_3$$

由 A_1、A_2、A_3 的独立性知

$(1) P(B) = P(A_1\bar{A}_2\bar{A}_3) + P(\bar{A}_1 A_2 \bar{A}_3) + P(\bar{A}_1 \bar{A}_2 A_3)$

$\qquad = P(A_1)P(\bar{A}_2)P(\bar{A}_2) + P(\bar{A}_1)P(A_2)P(\bar{A}_3) + P(\bar{A}_1)P(\bar{A}_2)P(A_3)$

$\qquad = 0.4 \times 0.5 \times 0.3 + 0.6 \times 0.5 \times 0.3 + 0.6 \times 0.5 \times 0.7$

$\qquad = 0.36$

$(2) P(B) = P(A_1 \cup A_2 \cup A_3) = 1 - P(\overline{A_1 \cup A_2 \cup A_3})$

$\qquad = 1 - P(\bar{A}_1\bar{A}_2\bar{A}_3) = 1 - 0.6 \times 0.5 \times 0.3 = 0.91$ 【解毕】

【技巧】 通常积事件 $A_1 A_2 \cdots A_n$ 的概率计算需要通过乘法公式来进行,但一旦知道了它们是相互独立的,那么,只要知道 $P(A_i)$,不仅它们的积事件的概率能直接求出,而且和事件、差事件等的概率也可容易地求得。例如:

$$P(A_1 \cup A_2 \cup \cdots \cup A_n) = 1 - P(\bar{A}_1)P(\bar{A}_2)\cdots P(\bar{A}_n)$$

$$P(A_1 - A_2) = P(A_1)P(\bar{A}_2)$$

【例1.12】 设有白球和黑球各4只,从中任取4只放入甲盒,余下4只放入乙盒,然后分别在两盒中各任取一只,颜色正好相同,试问放入甲盒的4只球有几只白球的概率最大,且求出此概率。

【解】 设 $A = \{从甲、乙两盒中各取一球,颜色相同\}$,

$\qquad B_i = \{甲盒中有 i 只白球\}, i = 0, 1, 2, 3, 4$

显然 $B_0, B_1, \cdots, B_n$ 构成一完备事件组,又由题设知

$$P(B_i) = \frac{C_4^i C_4^{4-i}}{C_8^4}, i = 0, 1, \cdots, 4$$

且

$$P(A \mid B_1) = \frac{3}{8}, P(A \mid B_2) = \frac{4}{8}, P(A \mid B_3) = \frac{3}{8}$$

$$P(A \mid B_0) = P(A \mid B_4) = 0$$

从而由全概率公式得

$$P(A) = \sum_{i=0}^{5} P(B_i)P(A \mid B_i) = \frac{C_4^1 C_4^3}{C_8^4} \times \frac{3}{8} + \frac{C_4^2 C_4^2}{C_8^4} \times \frac{4}{8} + \frac{C_4^3 C_4^1}{C_8^4} \times \frac{3}{8} = \frac{3}{7}$$

从而再由贝叶斯公式得

$$P(B_1 \mid A) = \frac{P(B_1)P(A \mid B_1)}{P(A)} = \frac{\frac{8}{35} \times \frac{3}{8}}{\frac{3}{7}} = \frac{1}{5}$$

$$P(B_2 \mid A) = \frac{P(B_2)P(A \mid B_2)}{P(A)} = \frac{\frac{18}{35} \times \frac{4}{8}}{\frac{3}{7}} = \frac{3}{5}$$

$$P(B_3 \mid A) = \frac{P(B_3)P(A \mid B_3)}{P(A)} = \frac{\frac{8}{35} \times \frac{3}{8}}{\frac{3}{7}} = \frac{1}{5}$$

$$P(B_0 \mid A) = P(B_4 \mid A) = 0$$

即放入甲盒的 4 只球中只有两只白球的概率最大,最大值为 $\frac{3}{5}$。 【解毕】

【例 1.13】 设有甲、乙、丙三门炮,同时独立地向某目标射击,各炮的命中率分别为 0.2、0.3 和 0.5,目标被命中一发而被击毁的概率为 0.2,被命中两发而被击毁的概率为 0.6,被命中三发而被击毁的概率为 0.9,求:

(1)三门炮在一次射击中击毁目标的概率;

(2)在目标被击毁的条件下,只由甲炮击中的概率。

【思路】 设事件 A_1、A_2、A_3 分别表示甲、乙、丙炮击中目标,D 表示目标被击毁,H_i 表示由 i 门炮同时击中目标($i=1,2,3$),则由全概率公式有

$$P(D) = \sum_{i=1}^{3} P(H_i)P(D \mid H_i)$$

式中 $P(H_i)$ 要由题设条件及独立性来求,而第二问可利用贝叶斯公式来处理。

【解】 设 D、A_i、H_i($i=1,2,3$)同上所设,且由题设知

$$P(A_1) = 0.2, P(A_2) = 0.3, P(A_3) = 0.5$$

$$P(D \mid H_1) = 0.2, P(D \mid H_2) = 0.6, P(D \mid H_3) = 0.9$$

由于 A_1、A_2、A_3 相互独立,故

$$P(H_1) = P(A_1\bar{A}_2\bar{A}_3 \cup \bar{A}_1A_2\bar{A}_3 \cup \bar{A}_1\bar{A}_2A_3)$$

$$= P(A_1)P(\bar{A}_2)P(\bar{A}_3) + P(\bar{A}_1)P(A_2)P(\bar{A}_3) +$$

$$P(\bar{A}_1)P(\bar{A}_2)P(A_3)$$

$$= 0.2 \times 0.7 \times 0.5 + 0.8 \times 0.3 \times 0.5 + 0.8 \times 0.7 \times 0.5$$

$$= 0.47$$

同理

$$P(H_2) = P(A_1A_2\bar{A}_3 \cup A_1\bar{A}_2A_3 \cup \bar{A}_1A_2A_3) = 0.22$$

$$P(H_3) = P(A_1A_2A_3) = 0.03$$

（1）由全概率公式得

$$P(D) = \sum_{i=1}^{3}P(H_i)P(D\mid H_i) = 0.47 \times 0.2 + 0.22 \times 0.6 + 0.03 \times 0.9 = 0.253$$

（2）由贝叶斯公式得

$$P(A_1\bar{A}_2\bar{A}_3 \mid D) = \frac{P(A_1\bar{A}_2\bar{A}_3 D)}{P(D)} = \frac{P(A_1\bar{A}_2\bar{A}_3)P(D \mid A_1\bar{A}_2\bar{A}_3)}{P(D)} = 0.0554 \quad 【解毕】$$

1.4.6　有关事件独立性的计算

【例1.14】　设事件 $A_1, A_2, \cdots, A_n$ 相互独立，而 $P(A_k) = p_k(k = 1, 2, \cdots, n)$，试求：

（1）各事件至少发生一次的概率；

（2）各事件恰好发生一次的概率。

【解】　（1）$P($至少发生一次$) = P(A_1 \cup A_2 \cup \cdots \cup A_n)$

$$= 1 - P(\bar{A}_1\bar{A}_2\cdots\bar{A}_n)$$

$$= 1 - P(\bar{A}_1)P(\bar{A}_2)\cdots P(\bar{A}_n)$$

$$= 1 - (1 - p_1)(1 - p_2)\cdots(1 - p_n)$$

（2）$P($恰好发生一次$) = P(A_1\bar{A}_2\cdots\bar{A}_n) + P(\bar{A}_1A_2\cdots\bar{A}_n) + \cdots + P(\bar{A}_1\bar{A}_2\cdots A_n)$

$$= p_1(1 - p_2)\cdots(1 - p_n) + (1 - p_1)p_2\cdots(1 - p_n) + \cdots +$$

$$(1 - p_1)(1 - p_2)\cdots p_n \quad 【解毕】$$

【技巧】　至少发生其一的问题，通常转化为其对立事件来考虑。多个事件相互独立的性质在概率的计算中有重要的应用。

1.5　基础练习题

一、**判断题**（在每题后的括号中对的打"√"错的打"×"）

1. 概率论与数理统计是一门研究和揭示随机现象统计规律性的数学学科。　　　（　　）

2.试验中每个基本事件发生的可能性相同的试验称为等可能概型。 （　　）

3.试验的样本空间只包含有限个元素的试验称为古典概型。 （　　）

4.实际推断原理就是"概率很小的事件在一次试验中实际上几乎是不发生的"。 （　　）

5.若事件 A 的发生对事件 B 的发生的概率没有影响,即 $P(B|A)=P(B)$,称事件 A、B 独立。 （　　）

6.若事件 $B_1,B_2,\cdots,B_n(n\geq2)$ 相互独立,则其中任意 $k(2\leq k\leq n)$ 个事件也是相互独立的。 （　　）

二、单选题(题中 4 个选项只有 1 个是正确的,把正确选项的代号填在括号内)

1.设 A、B 为任意两个随机事件,则事件 $(A\cup B)(S-AB)$ 表示(　　)。

  A.必然事件   B.A 与 B 恰有一个发生

  C.不可能事件   D.A 与 B 不同时发生

2.下列命题成立的是(　　)。

  A.$A-(B-C)=(A-B)\cup C$ B.若 $AB\neq\varnothing$ 且 $A\subset C$,则 $BC\neq\varnothing$

  C.$A\cup B-B=A$ D.$(A-B)\cup B=A$

3.设 $P(AB)=0$,则(　　)。

  A.A 与 B 不相容   B.A 与 B 独立

  C.$P(A)=0$ 或 $P(B)=0$ D.$P(A-B)=P(A)$

4.当事件 A 与 B 同时发生时,事件 C 必发生,则(　　)。

  A.$P(C)=P(AB)$ B.$P(C)=P(A+B)$

  C.$P(C)\geq P(A)+P(B)-1$ D.$P(C)\leq P(A)+P(B)-1$

5.袋中 5 个球,其中 3 个红球、2 个白球,现无放回地从中随机地抽取两次,每次取一个,则第二次取到红球的概率为(　　)。

  A.$\dfrac{3}{5}$ B.$\dfrac{2}{4}$ C.$\dfrac{3}{4}$ D.$\dfrac{3}{10}$

6.设 A、B 为两个事件,则下面哪个不等式成立(　　)。

  A.$P(A\cup B)\geq P(A)+P(B)$ B.$P(AB)\geq P(A)P(B)$

  C.$P(A-B)\geq P(A)-P(B)$ D.$P(A|B)\geq\dfrac{P(A)}{P(B)},P(B)>0$

7.对于事件 A 和 B,满足 $P(B|A)=1$ 的充分条件是(　　)。

  A.A 是必然事件   B.$P(B|\overline{A})=0$

  C.$A\supset B$ D.$A\subset B$

8.设 A、B 为任意两个事件,且 $A\subset B$,$P(B)>0$,则下列选项必然成立的是(　　)。

  A.$P(A)<P(A|B)$ B.$P(A)\leq P(A|B)$

  C.$P(A)>P(A|B)$ D.$P(A)\geq P(A|B)$

9.设事件 A 和 B 相互独立,则 $P(A\cup B)=$(　　)。

  A.$P(A)+P(B)$ B.$P(\overline{A})+P(\overline{B})$

  C.$1-P(\overline{A})P(\overline{B})$ D.$1-P(A)P(B)$

三、填空题

1. 袋中有 50 个乒乓球,其中 20 个是黄球,30 个是白球,今有两人依次随机地从袋中各取一球,取后不放回,则第二人取得黄球的概率是_____。

2. 设事件 A、B 满足 $AB = \overline{A}\,\overline{B}$,则 $P(A \cup B) =$ _____,$P(AB) =$ _____。

3. 已知 $P(A) = 0.5$,$P(B) = 0.6$,$P(B|A) = 0.8$,则 $P(A \cup B) =$ _____。

4. 已知 $P(A) = P(B) = P(C) = \dfrac{1}{4}$,$P(AB) = 0$,$P(AC) = P(BC) = \dfrac{1}{6}$,则事件 A、B、C 都不发生的概率为_____。

5. 把 10 本书随意放在书架上,其中指定的 3 本书放在一起的概率为_____。

6. 一批产品共有 10 个正品 2 个次品,任意抽取两次,每次抽一个,抽出后不再放回,则第二次抽出的是次品的概率为_____。

7. 设工厂 A 和 B 的产品的次品率分别为 1% 和 2%,现从 A 和 B 的产品分别占 60% 和 40% 的一批产品中随机抽取一件,发现是次品,则该次品属于 A 生产的概率是_____。

8. 设 A、B 两个事件满足 $P(AB) = P(\overline{A}\,\overline{B})$,且 $P(A) = p$,则 $P(B) =$ _____。

9. 设两两相互独立的三事件 A、B 和 C,满足条件:$ABC = \varnothing$,$P(A) = P(B) = P(C) < 1/2$,且已知 $P(A \cup B \cup C) = 9/16$,则 $P(A) =$ _____。

10. 设两个相互独立的事件 A 和 B 都不发生的概率为 1/9,A 发生 B 不发生的概率与 B 发生 A 不发生的概率相等,则 $P(A) =$ _____。

四、解答题

1. 袋中有编号为 1 到 10 的 10 个球,今从袋中任取 3 个球,求:

(1) 3 个球的最小号码为 5 的概率;

(2) 3 个球的最大号码为 5 的概率。

2. 从 $0,1,2,\cdots,9$ 的 10 个数字中,任意选出不同的三个数字,试求下列事件的概率:

(1) 三个数字中不含 0 和 5;

(2) 三个数字中不含 0 或 5;

(3) 三个数字中含 0 但不含 5。

3. 将 C、C、E、E、I、N、S 7 个字母随机地排成一行,那么恰好排成英文单词 $SCIENCE$ 的概率是多少?

4. 设 $P(A) + P(B) = 0.7$,且 A、B 仅发生一个的概率为 0.5,求 A、B 都发生的概率。

5. (1) 已知 $P(\overline{A}) = 0.3$,$P(B) = 0.4$,$P(A\overline{B}) = 0.5$,求条件概率 $P(B|A \cup \overline{B})$ 。
   (2) 已知 $P(A) = 1/4$,$P(A|B) = 1/2$,$P(B|A) = 1/3$,求 $P(A \cup B)$。

6. 设 $P(A) = 0.7$,$P(A - B) = 0.3$,$P(B - A) = 0.2$,求 $P(\overline{AB})$ 与 $P(\overline{A}\,\overline{B})$。

7. 一学生接连参加同一门课程的两次考试,第一次及格的概率为 p,若第一次及格则第二次及格的概率为 p,若第一次不及格则第二次及格的概率为 $\dfrac{p}{2}$。

   问:(1) 至少一次及格的概率;
   　　(2) 第二次及格的概率;
   　　(3) 若已知第二次及格,求他第一次及格的概率。

8. 已知男子有 5% 是色盲患者,女子有 0.25% 是色盲患者。今从男女人数相等的人群中随机地挑选一人,恰好是色盲者,问此人是男性的概率是多少?

1.6　提高练习题

一、单选题(题中 4 个选项只有 1 个是正确的,把正确选项的代号填在括号内)

1. 下列命题正确的是( )。
    A. 若 $P(A) = 0$,则 A 为不可能事件
    B. 若 A 与 B 相互独立,则 A 与 B 互不相容
    C. 若 A 与 B 互不相容,则 $P(A) = 1 - P(B)$
    D. 若 $P(AB) \neq 0$,则 $P(BC|A) = P(B|A)P(C|BA)$

2. 设 A、B、C 为任意三个随机事件,则与 A 一定互不相容的事件为( )。
    A. $\overline{A \cup B \cup C}$ 　　　　　　　　　　　　B. $\overline{AB} \cup \overline{C}$
    C. $\overline{ABC}$ 　　　　　　　　　　　　　　　　D. $\overline{A(B \cup C)}$

3. 设一射手每次命中目标的概率为 p,现对同一目标进行若干次独立射击,直到命中目标 5 次为止,则射手共射击了 10 次的概率为( )。
    A. $C_{10}^5 p^5 (1-p)^5$ 　　　　　　　　　　　B. $C_9^4 p^5 (1-p)^5$
    C. $C_{10}^4 p^4 (1-p)^5$ 　　　　　　　　　　　D. $C_9^4 p^4 (1-p)^5$

4. 掷一枚硬币 5 次,则出现正面向上次数多于反面向上次数的概率为( )。
    A. $\dfrac{5}{16}$ 　　　　　　B. $\dfrac{11}{32}$ 　　　　　　C. $\dfrac{1}{2}$ 　　　　　　D. $\dfrac{3}{8}$

二、填空题

1. 设 A、B、C 为任意三个随机事件,$A \supset C$,$B \supset C$,且 $P(A) = 0.7$,$P(A-C) = 0.4$,$P(AB) = 0.5$,则 $P(AB\overline{C}) = \underline{\qquad}$。

2. 10 件产品中有 4 件次品,每次从中任取一件进行测试,直到 4 件次品均经测试取出为止,则第八次测试取到最后一件次品的概率为 $\underline{\qquad}$。

3. 假设一批产品中一、二、三等品分别占 60%、30%、10%,从中随意取出一件,结果不是三等品,则取到的是一等品的概率 $\underline{\qquad}$。

4. 设两个相互独立的事件 A 和 B 都不发生的概率为 $\dfrac{4}{9}$,A 发生且 B 不发生的概率与 B 发生且 A 不发生的概率相等,则 $P(A) = \underline{\qquad}$。

三、解答题

1. n 双不同的鞋,任取 $2r$ 只($2r \leqslant n$),求下列事件的概率:
(1)没有 2 只鞋能配成一双;
(2)恰有 2 只鞋能配成一双;
(3)能配成 r 双。

2.第一个口袋里有 3 个白球 5 个红球,第二个口袋里有 2 个白球 4 个红球,现从第一个袋中任取一个球放入第二袋中,求:

(1)从第二袋中取出一球是白球的概率;

(2)已知从第二袋中取出一球是白球,该球来自于第一袋的概率。

3.玻璃杯成箱出售,每箱 20 只,假设各箱含 0、1、2 只残次品的概率相应为 0.8、0.1 和 0.1。一顾客欲购一箱玻璃杯,在购买时,售货员随意取一箱,而顾客开箱随机地查看 4 只,若无残次品,则买下该箱玻璃杯,否则退回,试求:

(1)顾客买下该箱的概率 α;

(2)在顾客买下的一箱中,确实没有残次品的概率 β。

第2章　随机变量及其分布

2.1　教学基本要求

(1)理解随机变量的概念;

(2)理解随机变量分布函数的概念,会求随机变量的分布函数;

(3)理解概率分布的概念及其性质;

(4)会利用概率分布及分布函数计算有关事件的概率;

(5)掌握0—1分布、二项分布、泊松分布、正态分布、均匀分布和指数分布,会用标准正态分布表计算任意正态分布的相应概率;

(6)会求简单随机变量函数的概率分布。

2.2　重点与难点

重点:

(1)随机变量分布函数的概念及其性质;

(2)离散型随机变量及其概率分布;

(3)连续型随机变量及其概率分布;

(4)概率分布与分布函数的关系,与正态分布有关的概率计算;

(5)几种常见随机变量的概率分布(0—1分布、二项概率分布、泊松分布、均匀分布、指数分布、正态分布等);

(6)随机变量函数的分布。

难点:

(1)随机变量的分布函数、概率分布及其关系;

(2)随机变量函数的分布。

2.3　主要内容

2.3.1　主要内容结构图

主要内容结构如图2.1所示。

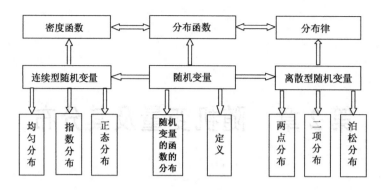

图 2.1　主要内容结构图

2.3.2　知识点概述

1）随机变量及其分布函数

（1）随机变量：定义在样本空间 S 上，取值于实数的函数。即对于每一个 $\omega \in S$，有唯一的实数 $X(\omega)$ 与之对应，则称 $X(\omega)$ 为随机变量，简记为 X，一般用 X、Y、Z 等表示随机变量。

（2）分布函数：设 X 为随机变量，则称定义在全体实数上的函数

$$F(x) = P(X \leqslant x), \ -\infty < x < +\infty$$

为 X 的分布函数，显然任何随机变量都有分布函数。

（3）分布函数的性质：

①$0 \leqslant F(x) \leqslant 1$；

②单调不减，即对任何 $x_1 < x_2$，有 $F(x_1) \leqslant F(x_2)$；

③右连续，即对任何实数 x，有 $F(x+0) = F(x)$；

④$F(-\infty) = 0, F(+\infty) = 1$。

（4）用分布函数表示相关事件的概率：

设 X 的分布函数为 $F(x)$，则有

①$P(X \leqslant b) = F(b), P(X < b) = F(b-0)$；

②$P(a < X \leqslant b) = F(b) - F(a)$；

③$P(a \leqslant X < b) = F(b-0) - F(a-0)$；

④$P(X = b) = F(b) - F(b-0)$。

2）离散型随机变量

（1）定义：若随机变量 X 的所有可能取值只有有限个或可列无穷个，则称 X 为离散型随机变量。

（2）分布律：设 X 的所有可能取值为 $x_1, x_2, \cdots, x_n, \cdots$，则称

$$P(X = x_i) = p_i, i = 1, 2, \cdots$$

为 X 的分布律。

或用下列形式表示 X 的分布律：

X	x_1	x_2	$\cdots$	x_n	$\cdots$
P	p_1	p_2	$\cdots$	p_n	$\cdots$

显然,分布律满足:

①$p_i \geq 0, i = 1, 2, \cdots$;

②$\sum\limits_{i=1}^{\infty} p_i = 1$。

③分布函数:设 X 的分布律为 $P(X = x_i) = p_i, i = 1, 2, \cdots$,则 X 的分布函数为

$$F(x) = P(X \leq x) = \sum_{x_i \leq x} P(X = x_i), \quad -\infty < x < +\infty$$

此时也称 $F(x)$ 为离散型分布函数。

若已知 X 的分布函数为 $F(x)$,则易求得 X 的分布律:

$$P(X = x_i) = F(x_i) - F(x_i - 0), i = 1, 2, \cdots$$

注意:离散型分布函数的间断点 x_i 就是对应随机变量的取值点。

3)连续型随机变量

(1)定义:若随机变量 X 的分布函数 $F(x)$ 可以表示成非负可积函数 $f(x)$ 的下列积分形式:

$$F(x) = \int_{-\infty}^{x} f(t)\,\mathrm{d}t, \quad -\infty < x < +\infty$$

则称 X 为连续型随机变量,$F(x)$ 为连续型分布函数,$f(x)$ 为 X 的概率密度函数,有时简称为密度。

(2)概率密度函数的性质:

①$f(x) \geq 0$;

②$\int_{-\infty}^{+\infty} f(x)\,\mathrm{d}x = 1$。

(3)性质:

设连续型随机变量 X 的分布函数为 $F(x)$,密度为 $f(x)$,则

①$F(x)$ 为连续函数;

②对于 $f(x)$ 的连续点 x,有 $F'(x) = f(x)$;

③对于任何实数 c,有 $P(X = c) = 0$;

④$P(a < X \leq b) = P(a \leq X < b) = P(a < X < b) = \int_{a}^{b} f(x)\,\mathrm{d}x$。

4)常见的重要分布

(1)0—1 分布 $B(1, p)$,其分布律为

X	0	1
P	$1 - p$	p

其中,$0 < p < 1$。

(2)二项分布 $B(n,p)$,其分布律为

$$P(X = k) = C_n^k p^k (1-p)^{n-k}, k = 0,1,2,\cdots,n, 0 < p < 1$$

(3)泊松分布 $\pi(\lambda)$,其分布律为

$$P(X = k) = \frac{\lambda^k}{k!} e^{-\lambda}, k = 0,1,2,\cdots, \lambda > 0$$

(4)几何分布 $G(p)$,其分布律为

$$P(X = k) = (1-p)^{k-1} p, k = 1,2,\cdots,n, 0 < p < 1$$

(5)均匀分布 $U(a,b)$,其密度函数为

$$f(x) = \begin{cases} \dfrac{1}{b-a}, & a < x < b \\ 0, & \text{其他} \end{cases}$$

分布函数为

$$F(x) = \begin{cases} 0, & x < a \\ \dfrac{x-a}{b-a}, & a \leqslant x < b \\ 1, & x \geqslant b \end{cases}$$

(6)指数分布,其密度函数为

$$f(x) = \begin{cases} \dfrac{1}{\theta} e^{-x/\theta}, & x > 0, \theta > 0 \\ 0, & \text{其他} \end{cases}$$

分布函数为

$$F(x) = \begin{cases} 1 - e^{-x/\theta}, & x > 0 \\ 0, & \text{其他} \end{cases}$$

(7)正态分布 $N(\mu,\sigma^2)$,其中,$\sigma > 0$,$-\infty < \mu < +\infty$,其密度函数为

$$f(x) = \frac{1}{\sqrt{2\pi}\sigma} e^{-\frac{(x-\mu)^2}{2\sigma^2}}, \quad -\infty < x < +\infty$$

分布函数为

$$F(x) = \int_{-\infty}^{x} \frac{1}{\sqrt{2\pi}\sigma} e^{-\frac{(t-\mu)^2}{2\sigma^2}} \mathrm{d}t, \quad -\infty < x < +\infty$$

当 $\mu = 0$,$\sigma = 1$ 时,称为标准正态分布,记为 $N(0,1)$,此时有密度函数为

$$\varphi(x) = \frac{1}{\sqrt{2\pi}}e^{-\frac{x^2}{2}}, \quad -\infty < x < +\infty$$

分布函数为

$$\Phi(x) = \int_{-\infty}^{x}\frac{1}{\sqrt{2\pi}}e^{-\frac{t^2}{2}}\mathrm{d}t, \quad -\infty < x < +\infty$$

5）随机变量函数的分布

设 X 为随机变量，随机变量 Y 为 X 的函数 $Y = g(X)$，其中 $g(X)$ 为连续函数或分段函数，先要求 Y 的概率分布。分两种情形：

（1）X 为离散型

设 X 的分布律为

$$P(X = x_i) = p_i, \quad i = 1,2,\cdots$$

则 $Y = g(X)$ 的分布律为

$$P(Y = y_i) = P(g(X) = y_i) = \sum_{g(x_i) = y_i}P(X = x_i)$$

（2）X 为连续型

设 X 的密度函数为 $f_X(x)$，则 Y 的密度函数可按下列两种方法求得：

①公式法：若 $y = g(x)$ 严格单调，其反函数 $x = h(y)$ 有一阶连续导数，则 $Y = g(X)$ 也是连续型随机变量，且密度函数为：

$$f_Y(y) = \begin{cases} f_X[h(y)]|h'(y)|, & \alpha < y < \beta \\ 0, & 其他 \end{cases}$$

其中 (α, β) 为 $y = g(x)$ 的值域。

②分布函数法：先按分布函数的定义求得 Y 的分布函数，再通过求导得到密度函数，即

$$F_Y(y) = P(Y \leqslant y) = P(g(X) \leqslant Y) = \int_{g(x) \leqslant y}f_X(x)\mathrm{d}x$$

$$f_Y(y) = F_Y'(y)$$

注意：若 $Y = g(X)$ 不再为连续型随机变量，则只能求得 Y 的分布函数，从而只能用分布函数求解。

2.4 典型例题分析

2.4.1 有关离散型随机变量及其分布律的例题

【例 2.1】 一汽车沿一街道行驶，需要通过三个均设有红绿信号灯的路口，每个信号灯为红或绿与其他信号灯为红或绿相互独立，且红绿两种信号灯显示的时间相等，以 X 表示该汽车首次遇到红灯起前已通过的路口个数，求 X 的概率分布。

【解】 首先由题设可知 X 的可能值为 0、1、2、3。

设 $A_i = \{$汽车在第 i 个路口首先遇到红灯$\}$，则事件 A_1、A_2、A_3 相互独立，且

$$P(A_i) = P(\bar{A}_i) = \frac{1}{2}, i = 1,2,3$$

故有

$$P(X = 0) = P(A_1) = \frac{1}{2}$$

$$P(X = 1) = P(\bar{A}_1 A_2) = P(\bar{A}_1)P(A_2) = \frac{1}{2^2}$$

$$P(X = 2) = P(\bar{A}_1 \bar{A}_2 A_3) = P(\bar{A}_1)P(\bar{A}_2)P(A_3) = \frac{1}{2^3}$$

$$P(X = 3) = P(\bar{A}_1 \bar{A}_2 \bar{A}_3) = P(\bar{A}_1)P(\bar{A}_2)P(\bar{A}_3) = \frac{1}{2^3}$$

所以，X 的分布规律为

X	0	1	2	3
P	$\frac{1}{2}$	$\frac{1}{2^2}$	$\frac{1}{2^3}$	$\frac{1}{2^3}$

【解毕】

【例2.2】 一批产品中有 15% 的次品，现进行独立重复抽样检验，共抽取 20 个样品，问抽出的 20 个样品中最大可能的次品数是多少？并求其概率。

【思路】 设抽出的 20 个样品中次品数为 X，则显然 $X \sim B(20,0.15)$，问题是当 k 多大时，$P(X=k) = C_{20}^k \times 0.15^k \times 0.85^{20-k} (k=0,1,2,\cdots,20)$ 最大，为此，我们不妨假定当 $k = k_0$ 时最大，则应用 $P(X=k_0) \geq P(X=k_0+1)$，因此，可考虑其中任意两项的比值。

【解】 考虑 $P(X=k)$ 与 $P(X=k-1)$ 的比

$$\frac{P(X=k)}{P(X=k-1)} = \frac{C_{20}^k \times 0.15^k \times 0.85^{20-k}}{C_{20}^{k-1} \times 0.15^{k-1} \times 0.85^{20-k+1}} = \frac{(20-k+1) \times 0.15}{k \times 0.85}$$

故　　$P(X=k) \geq P(X=k-1)$，当且仅当 $k \leq (20+1) \times 0.15 = 3.15$，

同理，$P(X=k) \geq P(X=k+1)$，当且仅当 $k \geq (20+1) \times 0.15 - 1 = 2.15$。

因此，当 $P(X=k)$ 最大时，k 只能取 3，且

$$P(X = 3) = C_{20}^3 \times 0.15^3 \times 0.85^{17} = 0.2428$$

【解毕】

【例2.3】 设随机变量 X 的分布函数为

$$F(x) = \begin{cases} 0, & x < -1 \\ 0.4, & -1 \leq x < 1 \\ 0.8, & 1 \leq x < 3 \\ 1, & x \geq 3 \end{cases}$$

求 X 的概率分布。

【解】 显然 $F(x)$ 的间断点,即 X 的可能取值为 -1、1、3。从而

$$P(X = -1) = F(-1) - F(-1-0) = 0.4 - 0 = 0.4$$

$$P(X = 1) = F(1) - F(1-0) = 0.8 - 0.4 = 0.4$$

$$P(X = 3) = F(3) - F(3-0) = 1 - 0.8 = 0.2$$

即 X 的概率分布为

X	-1	1	3
P	0.4	0.4	0.2

【解毕】

2.4.2 有关连续型随机变量及其概率密度的例题

【例 2.4】 已知随机变量 X 的概率密度为

$$f(x) = \begin{cases} ax + b, & 1 < x < 3 \\ 0, & 其他 \end{cases}$$

又知 $P(2 < X < 3) = 2P(-1 < X < 2)$,试求 $P\left(0 \leqslant X \leqslant \dfrac{3}{2}\right)$。

【思路】 问题的关键是确定密度函数中的常数 a 和 b,而 a 与 b 的确定需要两个条件,其一为题设条件,另一个为 $\int_{-\infty}^{+\infty} f(x)\mathrm{d}x = 1$。

【解】 由概率密度 $f(x)$ 的性质知

$$1 = \int_{-\infty}^{+\infty} f(x)\mathrm{d}x = \int_1^3 (ax + b)\mathrm{d}x = 4a + 2b$$

又

$$P(2 < X < 3) = \int_2^3 f(x)\mathrm{d}x = \int_2^3 (ax + b)\mathrm{d}x = \frac{5}{2}a + b$$

$$P(-1 < X < 2) = \int_{-1}^2 f(x)\mathrm{d}x = \int_{-1}^1 0\mathrm{d}x + \int_1^2 (ax + b)\mathrm{d}x = \frac{3}{2}a + b$$

由于 $P(2 < X < 3) = 2P(-1 < X < 2)$,故 $\dfrac{5}{2}a + b = 2\left(\dfrac{3}{2}a + b\right)$ 即 $a + 2b = 0$。

故得 $\begin{cases} 4a + 2b = 1 \\ a + 2b = 0 \end{cases}$,解之得 $a = \dfrac{1}{3}$,$b = -\dfrac{1}{6}$,

从而 $P\left(0 \leqslant X \leqslant \dfrac{3}{2}\right) = \int_0^{\frac{3}{2}} f(x)\mathrm{d}x = \int_0^{\frac{3}{2}} \left(\dfrac{1}{3}x - \dfrac{1}{6}\right)\mathrm{d}x = \dfrac{1}{8}$。 【解毕】

【例 2.5】 设连续型随机事件 X 的分布函数为

$$F(x) = \begin{cases} 0, & x < 0 \\ Ax^2, & 0 \leqslant x < 1 \\ 1, & x \geqslant 1 \end{cases}$$

试求：(1)常数A；(2)$P\left(-1<X<\dfrac{1}{2}\right)$及$P\left(\dfrac{1}{3}<X<2\right)$；(3)$X$的概率密度函数。

【解】 (1)由$F(x)$的连续性，则有

$$\lim_{x\to1^-}F(x)=F(1),即\lim_{x\to1^-}Ax^2=1,所以A=1。$$

$$(2)P\left(-1<X<\dfrac{1}{2}\right)=F\left(\dfrac{1}{2}\right)-F(-1)=\left(\dfrac{1}{2}\right)^2-0=\dfrac{1}{4}$$

$$P\left(\dfrac{1}{3}<X<2\right)=F(2)-F\left(\dfrac{1}{3}\right)=1-\left(\dfrac{1}{3}\right)^2=\dfrac{8}{9}$$

$$(3)\,f(x)=F'(x)=\begin{cases}2x,&0\leqslant x<1\\0,&其他\end{cases}$$ **【解毕】**

【例2.6】 设随机变量X在$[2,5]$上服从均匀分布，现在对X进行三次独立观测，试求至少有两次观测值大于3的概率。

【思路】 设A表示事件"对X的观测值大于3"，即$A=\{X>3\}$，若以Y表示三次独立观测中观测值大于3的次数，则$Y\sim B(3,P(A))$，所求概率为$P(Y\geqslant2)$。

【解】 由题意知，X的概率密度为

$$f(x)=\begin{cases}\dfrac{1}{3},&2\leqslant x\leqslant5\\[2mm]0,&其他\end{cases}$$

记$A=\{对X的观测值大于3\}$，故$A=\{X>3\}$，因此

$$P(A)=P(X>3)=\int_3^{+\infty}f(x)\mathrm{d}x=\int_3^5\dfrac{1}{3}\mathrm{d}x=\dfrac{2}{3}$$

设Y为三次独立观测中观测值大于3的次数，故由贝努里概型知，$Y\sim B\left(n,\dfrac{2}{3}\right)$，从而所求概率为

$$P(Y\geqslant2)=P(Y=2)+P(Y=3)=C_3^2\left(\dfrac{2}{3}\right)^2\left(\dfrac{1}{3}\right)+C_3^3\left(\dfrac{2}{3}\right)^3=\dfrac{20}{27}$$ **【解毕】**

【备注】 本题是考查利用贝努里概型求解连续型随机变量中的相关概率问题。

2.4.3 有关常见的分布及其性质的例题

【例2.7】 设随机变量X服从正态分布$N(108,9)$，求：

(1)$P(98.4<X<117.6)$；

(2)常数a，使$P(X<a)=0.90$。

【解】 (1)$P(98.4<X<117.6)=P\left(\dfrac{98.4-108}{3}<\dfrac{X-108}{3}<\dfrac{117.6-108}{3}\right)$

$$=\Phi(3.2)-\Phi(-3.2)$$

$$=2\Phi(3.2)-1$$

$$(2)P(X < a) = P\left(\frac{X - 108}{3} < \frac{a - 108}{3}\right) = \Phi\left(\frac{a - 108}{3}\right) = 0.90$$

因为 $\Phi(1.29) \approx 0.90$，所以 $\frac{a - 108}{3} = 1.29$，即 $a = 111.87$。 【解毕】

【例2.8】 设随机变量 X 服从正态分布 $N(2, \sigma^2)$，且 $P(2 < X < 4) = 0.3$，求 $P(X < 0)$。

【解】 因为

$$P(2 < X < 4) = \Phi\left(\frac{4 - 2}{\sigma}\right) - \Phi\left(\frac{2 - 2}{\sigma}\right) = \Phi\left(\frac{2}{\sigma}\right) - \Phi(0) = 0.3$$

即

$$\Phi\left(\frac{2}{\sigma}\right) = \Phi(0) + 0.3 = 0.5 + 0.3 = 0.8$$

所以

$$P(X < 0) = \Phi\left(\frac{0 - 2}{\sigma}\right) = \Phi\left(-\frac{2}{\sigma}\right) = 1 - \Phi\left(\frac{2}{\sigma}\right) = 1 - 0.8 = 0.2$$ 【解毕】

2.4.4 有关随机变量函数的分布例题

【例2.9】 设随机变量 X 的概率分布为：

X	-1	0	1	2
p	0.20	0.25	0.30	0.25

试求 $Y = -3X + 1$ 及 $Z = X^2 + 1$ 的概率分布。

【解】 Y 的可能取值为 -5、-2、1、4，且

$$P(Y = -5) = P(X = 2) = 0.25, P(Y = -2) = P(X = 1) = 0.30$$
$$P(Y = 1) = P(X = 0) = 0.25, P(Y = 4) = P(X = -1) = 0.20$$

于是 Y 的概率分布如下：

Y	-5	-2	1	4
p	0.25	0.30	0.25	0.20

Z 的可能取值为 1、2、5，且

$$P(Z = 1) = P(X = 0) = 0.25, P(Z = 2) = P(X = -1) + P(X = 1) = 0.50$$

$$P(Z = 5) = P(X = 2) = 0.25$$

于是 Z 的概率分布如下：

Z	1	2	5
p	0.25	0.50	0.25

【解毕】

【例2.10】 设 $X \sim e(\lambda)$，求 $Y = X^2$ 的概率密度。

【解】 X 的概率密度函数为

$$f_X(x) = \begin{cases} \lambda e^{-\lambda x}, & x > 0 \\ 0, & \text{其他} \end{cases}$$

$$F_Y(y) = P(Y \leq y) = P(X^2 \leq y)$$

当 $y < 0$ 时

$$F_Y(y) = 0$$

当 $y \geq 0$ 时

$$F_Y(y) = P(-\sqrt{y} \leq X \leq \sqrt{y}) = \int_{-\sqrt{y}}^{\sqrt{y}} f_X(x) \mathrm{d}x$$

$$= \int_0^{\sqrt{y}} \lambda e^{-\lambda x} \mathrm{d}x = 1 - e^{-\lambda\sqrt{y}}$$

于是 Y 的概率密度函数为

$$f_Y(y) = F'_Y(y) = \begin{cases} 0, & y < 0 \\ \dfrac{\lambda}{2\sqrt{y}} e^{-\lambda\sqrt{y}}, & y \geq 0 \end{cases}$$

【解毕】

2.5 基础练习题

一、判断题(在每题后的括号中对的打"√"错的打"×")

1. 连续型随机变量 X 的概率密度函数 $f(x)$ 也一定是连续函数。 （ ）

2. 随机变量 X 是定义在样本空间 S 上的实值单值函数。 （ ）

3. 取值是有限个或可列无限多个的随机变量为离散随机变量。 （ ）

4. 离散型随机变量 X 的分布律就是 X 的取值和 X 取值的概率。 （ ）

5. 一个随机变量,如果它不是离散型的那一定是连续型的。 （ ）

6. 随机变量分成离散型和连续型两类。 （ ）

二、单选题(题中 4 个选项只有 1 个是正确的,把正确选项的代号填在括号内)

1. 设离散型随机变量 X 的分布律 $P(X=i) = \dfrac{a}{i(i+1)}, i = 1, 2, \cdots$,则 $P(X<5) = （ ）$。

A. $\dfrac{2}{5}$ B. $\dfrac{5}{12}$ C. $\dfrac{4}{5}$ D. $\dfrac{5}{6}$

2. 设随机变量 X 的概率密度为 $f(x) = \begin{cases} 2x, & 0 < x < 1 \\ 0, & \text{其他} \end{cases}$,以 Y 表示对 X 的三次独立重复观测中事件 $X \leq \dfrac{1}{2}$ 出现的次数,则 $P(Y=2) = （ ）$。

A. $\dfrac{9}{64}$ B. $\dfrac{7}{64}$ C. $\dfrac{3}{64}$ D. $\dfrac{9}{16}$

3. 设随机变量 X 具有对称的概率密度,即 $f(-x) = f(x)$,则对任意 $a > 0$,$P(|X| > a) = $
（ ）。

A. $1 - 2F(a)$ B. $2F(a) - 1$

C. $2 - F(a)$ D. $2[1 - F(a)]$

4. 设 X 的概率密度函数为 $f(x)$，分布函数为 $F(x)$，且 $f(-x) = f(x)$，则对任意实数 a，$F(-a) = ($)。

A. $1 - \int_0^a f(x)\,dx$ B. $\dfrac{1}{2} - \int_0^a f(x)\,dx$

C. $F(a)$ D. $2F(a) - 1$

5. 设随机变量 $X \sim B(2, p)$，$Y \sim B(3, p)$，若 $P(X \geq 1) = \dfrac{5}{9}$，则 $P(Y \geq 1) = ($)。

A. $\dfrac{8}{27}$ B. $\dfrac{19}{27}$ C. $\dfrac{4}{9}$ D. $\dfrac{5}{9}$

6. 设 $F_1(x)$ 与 $F_2(x)$ 分别为随机变量 X_1 与 X_2 的分布函数，为使 $F(x) = aF_1(x) - bF_2(x)$ 是某一随机变量的分布函数，在下列给定的各组数值中应取(   )。

A. $a = \dfrac{3}{5}, b = -\dfrac{2}{5}$ B. $a = \dfrac{2}{3}, b = \dfrac{2}{3}$

C. $a = -\dfrac{1}{2}, b = \dfrac{3}{2}$ D. $a = \dfrac{1}{2}, b = -\dfrac{3}{2}$

7. 设随机变量 X 的概率密度函数为 $f(x) = \dfrac{1}{2\sqrt{\pi}} e^{-\frac{(x+3)^2}{4}}$，$-\infty < x < +\infty$，则下列随机变量中服从标准正态分布的是(   )。

A. $Y = \dfrac{X+3}{2}$ B. $Y = \dfrac{X+3}{\sqrt{2}}$

C. $Y = \dfrac{X-3}{2}$ D. $Y = \dfrac{X-3}{\sqrt{2}}$

8. 设 $X \sim N(\mu, \sigma^2)$，则随着 σ 的增大，$P(|X-\mu| < \sigma)$(   )。

A. 单调增大   B. 单调减小

C. 保持不变   D. 增减不定

9. 已知随机变量 X 的分布函数为 $F_X(x)$，则 $Y = 5X - 3$ 的分布函数为 $F_Y(y) = ($)。

A. $F_X(5y - 3)$ B. $5F_X(y)$

C. $F_X\left(\dfrac{y+3}{5}\right)$ D. $\dfrac{1}{5}F_X(y) + 3$

10. 设随机变量 X 与 Y 均服从正态分布 $X \sim N(\mu, 4^2)$，$Y \sim N(\mu, 5^2)$，记 $p_1 = P\{X \leq \mu - 4\}$，$p_2 = P\{Y \geq \mu + 5\}$，则(   )。

A. 对任何实数 μ 都有 $p_1 = p_2$ B. 对任何实数 μ 都有 $p_1 < p_2$

C. 只有 μ 的个别值，才有 $p_1 = p_2$ D. 对任何实数 μ 都有 $p_1 > p_2$

三、填空题

1. 设随机变量 X 的所有可能取值为 $-1, 0, 1, 2$，相应的概率依次为 $\dfrac{1}{2c}, \dfrac{3}{4c}, \dfrac{5}{8c}, \dfrac{1}{8c}$，则常数 $c = $ ＿＿＿＿＿＿。

2. 袋中有 7 个球, 其中 4 个红球, 3 个黑球, 从袋中任取 3 个, 试求取出的红球数 X 的概率分布及不少于 2 个红球的概率为_____。

3. 在一次试验中, 事件 A 发生的概率为 p, 则在 n 次试验中 A 至多发生一次的概率为_____。

4. 设随机变量 X 服从 $[0,1]$ 上的均匀分布, 则概率 $P\left(X^2 - \dfrac{3}{4}X + \dfrac{1}{8} \geqslant 0\right) =$_____。

5. 已知随机变量 X 的概率密度为 $f(x) = \begin{cases} kx+1, & 0 \leqslant x \leqslant 2 \\ 0, & 其他 \end{cases}$, 则 $k =$_____。

6. 一射手对同一目标独立地进行 4 次射击, 如果命中目标至少一次的概率为 $\dfrac{65}{81}$, 则命中目标恰为一次的概率必为_____。

7. 设随机变量 $X \sim N(2, \sigma^2)$, 且概率 $P(2 < X < 4) = 0.3$, 则 $P(X < 0) =$_____。

8. 设随机变量 $X \sim U(0,1)$, 则 $Y = X + 1$ 服从分布_____。

四、解答题

1. 某系统有两台机器相互独立地运转, 设第一台机器与第二台机器发生故障的概率分别为 0.1 和 0.2, 以 X 表示系统中发生故障的机器数, 试求 X 的概率分布。

2. 设随机变量 X 的全部可能取值为 $1, 2, \cdots, n$, 且 $P(X = k)$ 与 k 成正比, 试求 X 的概率分布。

3. 设随机变量 X 的概率密度为

$$f(x) = \begin{cases} A\left(1 - \dfrac{1}{x^2}\right), & 1 \leqslant x \leqslant 2 \\ 0, & 其他 \end{cases}$$

试求: (1) 常数 A; (2) X 的分布函数。

4. 设连续型随机变量 X 的分布函数为

$$F(x) = \begin{cases} 0, & x < 1 \\ \ln x, & 1 \leqslant x < e \\ 1, & x \geqslant e \end{cases}$$

试求: (1) $P(X < 2), P(0 < X \leqslant 3), P\left(2 < X < \dfrac{5}{2}\right)$; (2) X 的概率密度。

5. 某种电池的使用寿命 X(单位:小时)服从 $N(300,35^2)$ 分布,试求:

(1)求这种电池的使用寿命在 250 小时以上的概率;(2)求 x,使得 $P(300-x<X<300+x)\geqslant 0.9$。

6. 设 $X\sim U(1,6)$,求方程 $x^2+Xx+1=0$ 有实根的概率。

7. 设 $X\sim e(\lambda)$,试求:

(1)求 X 的分布函数;(2)求 $P\left(X>\dfrac{1}{\lambda}\right)$;(3)求常数 C,使得 $P(X>C)=\dfrac{1}{2}$。

2.6　提高练习题

一、单选题(题中 4 个选项只有 1 个是正确的,把正确选项的代号填在括号内)

1. 设随机变量 $X\sim N(\mu,\sigma^2)$,$f(x)$ 为其密度函数,且 a、b、c 满足 $a<b<c$,$f(a)<f(c)<f(b)$,则(　　)。

A. $\dfrac{a+c}{2}<\mu<\dfrac{b+c}{2}$　　　　　　　　B. $\dfrac{a+b}{2}<\mu<\dfrac{a+c}{2}$

C. $a<\mu<b$　　　　　　　　D. $b<\mu<c$

2. 设连续型随机变量 X 的分布函数为 $F(x)$,密度函数为 $f(x)$,而且 X 与 $-X$ 有相同的分布函数,则(　　)。

A. $F(x)=F(-x)$　　　　　　　　B. $F(x)=-F(-x)$

C. $f(x)=f(-x)$　　　　　　　　D. $f(x)=-f(-x)$

3. 设 $X\sim N(\mu,\sigma^2)$,则概率 $P(X\leqslant 1+\mu)$(　　)。

A. 随 μ 的增加而增大　　　　　　　　B. 随 μ 的增加而减小

C. 随 σ 的增加而增大　　　　　　　　D. 随 σ 的增加而减小

4. 设随机变量 X 服从正态分布 $X\sim N(0,1)$,对于给定的 $\alpha(0<\alpha<1)$,数 z_α 满足 $P\{X>z_\alpha\}=\alpha$。若 $P\{|X|<x\}=\alpha$,则 x 等于(　　)。

A. $z_{\frac{\alpha}{2}}$　　　　　　B. $z_{1-\frac{\alpha}{2}}$　　　　　　C. $z_{\frac{1-\alpha}{2}}$　　　　　　D. $z_{1-\alpha}$

二、填空题

1. 设 $f(x)=ke^{-x^2+2x}$ 为一随机变量的概率密度函数,则 k 的值为_____。

2. 设随机变量 $X \sim N(\mu, \sigma^2)$，则 $(-X) \sim$ _____。

3. 设随机变量 X 的概率密度为 $f(x) = \begin{cases} 4x^3, & 0 < x < 1 \\ 0, & \text{其他} \end{cases}$，有一个常数 a 为 $(0,1)$ 中的一个实数，且 $P(x > a) = P(x < a)$，则 $a =$ _____。

三、解答题

1. 设随机变量 X 的概率密度为

$$f(x) = \begin{cases} \dfrac{A}{\sqrt{1-x^2}}, & |x| < 1 \\ 0, & |x| \geq 1 \end{cases}$$

试求：(1) 系数 A；(2) X 落在 $\left(-\dfrac{1}{2}, \dfrac{1}{2}\right)$ 内的概率；(3) X 的分布函数。

2. 设随机变量 X 的概率密度为 $f(x) = \begin{cases} e^{-x}, & x \geq 0 \\ 0, & x < 0 \end{cases}$，求随机变量 $Y = e^X$ 的概率密度 $f_Y(y)$。

第3章　多维随机变量及其分布

3.1　教学基本要求

（1）了解多维随机变量的概念,理解二维随机变量联合分布函数的基本概念和性质;理解二维离散型随机变量的联合分布律及其性质,理解二维连续型随机变量的联合概率密度及其性质,并会计算有关事件的概率;

（2）掌握二维随机变量边缘分布的定义及其求法,掌握二维随机变量的联合分布与边缘分布的关系;

（3）理解随机变量的独立性及不相关性的概念,了解这两个概念间的连续与区别,会判断两个随机变量是否相互独立,掌握利用随机变量独立性进行概率计算的有关方法;

（4）掌握二维均匀分布,了解二维正态分布的概率密度,理解其中各个参数的概率意义;

（5）掌握根据两个随机变量的联合概率分布求它们的较简单函数概率分布的基本方法,会根据两个或多个独立随机变量的概率分布求其较简单函数的概率分布,会求相互独立随机变量极值的分布。

3.2　重点与难点

重点:

（1）二维随机变量的联合分布函数及其性质;

（2）二维离散型随机变量的概率分布律以及有关的计算,二维连续型随机变量概率密度函数的定义及其性质,二维均匀分布及二维正态分布的有关性质;

（3）边缘分布及其求法,边缘分布与联合分布之间的关系;

（4）随机变量的独立性及其判别方法,利用独立性进行概率的有关计算。

难点:

（1）二维随机变量的边缘分布及其计算方法;

（2）随机变量独立性的判断及其利用随机变量的独立性进行概率的计算;

（3）随机变量函数的分布。

3.3 主要内容

3.3.1 主要内容结构图

主要内容结构如图 3.1 所示。

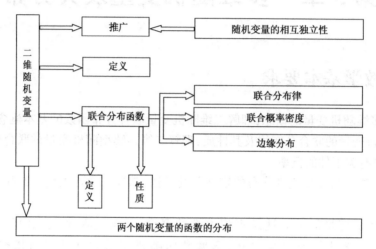

图 3.1 主要内容结构图

3.3.2 知识点概述

1)n 维随机变量与联合分布函数

(1)n 维随机变量的定义

设 $X_1, X_2, \ldots, X_n$ 为定义在同一个样本空间 Ω 上的随机变量,则称 n 个随机变量的整体 $(X_1, X_2, \ldots, X_n)$ 为 n 维随机变量,或 n 维随机向量。

(2)联合分布函数与边缘分布函数

设 $(X_1, X_2, \ldots, X_n)$ 为 n 维随机变量,则称 R^n 上的 n 元函数。

$$F(x, x_2, \ldots, x_n) = P(X_1 \leq x_1, X_2 \leq x_2, \ldots, X_n \leq x_n), x_1, x_2, \ldots, x_n \in R^n$$

为 $(X_1, X_2, \ldots, X_n)$ 的联合分布函数,有时也简称分布函数。

特别地,二维随机变量 (X, Y),其联合分布函数为

$$F(x, y) = P(X \leq x, Y \leq y), (x, y) \in R^2$$

其中 $P(X \leq x, Y \leq y)$ 表示积事件 $(X \leq x) \cap (Y \leq y)$ 发生的概率,R^2 表示整个二维平面。

n 维随机变量 $(X_1, X_2, \cdots, X_n)$ 中每个变量 X_i 的分布函数 $F_{x_i}(x_i)$ 称为边缘分布,$i = 1, 2, \cdots, n$。

下面均以二维随机变量 (X, Y) 进行讨论。

(3)联合分布函数与边缘分布函数之间的关系

设 $F(x, y)$ 为 (X, Y) 的联合分布函数,关于 X 和 Y 的边缘分布函数分别为 $F_X(x)$ 和 $F_Y(y)$,则有

$$F_X(x) = F(x, +\infty), F_Y(y) = F(+\infty, y)$$

（4）联合分布函数的性质

①$0 \leqslant F(x,y) \leqslant 1$；

②$F(x,y)$分别关于 x 和 y 单调不减；

③$F(x,y)$分别关于 x 和 y 右连续；

④$F(x, -\infty) = F(-\infty, y) = 0, F(+\infty, +\infty) = 1$；

⑤对于任意实数 $x_1 < x_2, y_1 < y_2$，有

$$F(x_2, y_2) - F(x_2, y_1) - F(x_1, y_2) + F(x_1, y_1) \geqslant 0$$

2）二维离散型随机变量

（1）定义

若二维随机变量(X,Y)的每一个分量 X 和 Y 都是离散型的，则称(X,Y)为二维离散型随机变量。

（2）联合概率分布

设(X,Y)的一切可能取值为$(x_i, y_i), i = 1, 2, \cdots$，则称

$$p_{ij} = P(X = x_i, Y = y_i), i, j = 1, 2, \cdots$$

为(X,Y)的联合分布律或联合分布概率。

（3）联合分布律的性质

①$p_{ij} \geqslant 0$；

②$\sum\limits_i \sum\limits_j p_{ij} = 1$。

（4）边缘分布

(X,Y)的分量 X 和 Y 的分布律称为其边缘分布律，它与联合分布律的关系为

$$p_{i\cdot} = P(X = x_i) = \sum_j P(X = x_i, Y = y_i) = \sum_j p_{ij}$$

$$p_{\cdot j} = P(Y = y_i) = \sum_i P(X = x_i, Y = y_i) = \sum_i p_{ij}$$

3）二维连续型随机变量

（1）定义

设(X,Y)的联合分布函数为$F(x,y)$，如果存在非负可积函数$f(x,y)$，使得对任意实数 x、y，有

$$F(x,y) = \int_{-\infty}^{x} \int_{-\infty}^{y} f(u,v) \, \mathrm{d}u \mathrm{d}v$$

则称(X,Y)为二维连续型随机变量，$f(x,y)$必定可作为某二维随机变量的联合密度函数。

（2）联合密度概率函数$f(x,y)$的性质

①$f(x,y) \geqslant 0$；

②$\int_{-\infty}^{+\infty} \int_{-\infty}^{+\infty} f(x,y) \, \mathrm{d}x \mathrm{d}y = 1$。

反之，任意满足上述两条性质的二元函数$f(x,y)$必定为某二维随机变量的联合密度函数。

（3）二维连续随机变量的性质

设(X,Y)的分布函数 $F(x,y)$，密度函数为$f(x,y)$，则

①$F(x,y)$ 为二元连续函数;

②对于任何的平面曲线 L 有 $P[(x,y) \in L] = 0$;

③对于平面区域 D,有 $P[(x,y) \in D] = \iint\limits_{D} f(x,y)\mathrm{d}x\mathrm{d}y$;

④对于 $f(x,y)$ 的连续点 (x,y),有 $\dfrac{\partial^2 F(x,y)}{\partial x \partial y} = f(x,y)$。

(4)边缘分布

设 $(X,Y) \sim f(x,y)$,则 X,Y 的分布函数可表示为

$$F_X(x) = \int_{-\infty}^{x} \left(\int_{-\infty}^{+\infty} f(x,y)\,\mathrm{d}y \right) \mathrm{d}x$$

$$F_Y(y) = \int_{-\infty}^{y} \left(\int_{-\infty}^{+\infty} f(x,y)\,\mathrm{d}x \right) \mathrm{d}y$$

它们分别称为 (X,Y) 关于 X 和关于 Y 的边缘分布函数,而

$$f_X(x) = \int_{-\infty}^{+\infty} f(x,y)\,\mathrm{d}y$$

$$f_Y(y) = \int_{-\infty}^{+\infty} f(x,y)\,\mathrm{d}x$$

分别称为 (X,Y) 关于 X 和关于 Y 的边缘密度函数。

4)随机变量的独立性

(1)一般情形

①设 n 维随机变量 $(X_1,X_2,\cdots,X_n)$ 的联合分布函数为 $F(x_1,x_2,\cdots,x_n)$,则边缘分布函数,如 X_i 的分布函数为 $F_{X_i}(x)$,$i = 1,2,\cdots,n$。若对任意实数 $x_1,x_2,\cdots,x_n$,有

$$F(x_1,x_2,\cdots,x_n) = F_{X_1}(x_1)F_{X_2}(x_2)\cdots F_{X_n}(x_n)$$

则称随机变量 $(X_1,X_2,\cdots,X_n)$ 相互独立。

②设 $X_1,X_2,\cdots,X_n$ 为随机变量序列,若对于任意的 $n \geqslant 2$,$X_1,X_2,\cdots,X_n$ 相互独立,则称 $X_1,X_2,\cdots,X_n$ 为相互独立随机变量序列。

(2)离散型情形

设 $(X_1,X_2,\cdots,X_n)$ 为 n 维离散型随机变量,若对任意实数 $x_1,x_2,\cdots,x_n$,有

$$P(X_1 = x_1,X_2 = x_2,\cdots,X_n = x_n) = P(X_1 = x_1)P(X_2 = x_2)\cdots P(X_n = x_n)$$

则称 $X_1,X_2,\cdots,X_n$ 相互独立。

特别地,对于二维离散型随机变量 (X,Y),X 与 Y 相互独立的充要条件为

$$p_{ij} = p_{i.} \times p_{.j}, i,j = 1,2,\cdots$$

(3)连续型情形

设 $(X_1,X_2,\cdots,X_n)$ 为 n 维连续型随机变量,若对任意实数 $x_1,x_2,\cdots,x_n$,有

$$f(x_1,x_2,\cdots,x_n) = f_{X_1}(x_1)f_{X_2}(x_2)\cdots f_{X_n}(x_n)$$

其中 $f(x_1,x_2,\cdots,x_n)$ 为联合密度,$f_{X_i}(x_i)$ 为 X_i 的密度,$i = 1,2,\cdots,n$,则称 $X_1,X_2,\cdots,X_n$ 相互独立。

特别地,对于二维连续型随机变量 (X,Y),X 与 Y 相互独立的充要条件为

$$f(x,y) = f_X(x)f_Y(y)$$

5）随机变量函数的分布

（1）一般情形

已知一般随机变量(X,Y)的概率分布（如联合分布函数，或联合密度，或联合分布律），而随机变量Z为X与Y的函数，即$Z=g(X,Y)$，则Z的分布函数为

$$F_Z(z) = P(Z \leqslant z) = P(g(x,y) \leqslant z), \quad -\infty < z < +\infty$$

（2）离散型情形

已知$P(X=x_i, Y=y_j) = P_{ij}$，$Z=g(X,Y)$，则Z的分布律为

$$P(Z = z_k) = P(g(X,Y) = z_k) = \sum_{g(x_i,y_j)=z_k} P(X=x_i, Y=y_j)$$

（3）连续型情形

已知$(X,Y) \sim f(x,y)$，$Z=g(X,Y)$，则Z的分布函数为

$$F_Z(z) = P(Z \leqslant z) = P(g(X,Y) \leqslant z) = \iint\limits_{g(x,y) \leqslant z} f(x,y) \mathrm{d}x\mathrm{d}y$$

若Z仍为连续型随机变量，则Z的密度函数为$f_Z(z) = F_Z'(z)$。

（4）X与Y的和、商与极值的分布

①和的分布

设$(X,Y) \sim f(x,y)$，则$Z=X+Y$的密度函数为

$$f_Z(z) = \int_{-\infty}^{+\infty} f(x,z-x)\mathrm{d}x = \int_{-\infty}^{+\infty} f(z-y,y)\mathrm{d}y$$

当X与Y独立时，有卷积公式

$$f_Z(z) = \int_{-\infty}^{+\infty} f_X(x)f_Y(z-x)\mathrm{d}x$$
$$= \int_{-\infty}^{+\infty} f_X(z-y)f_Y(y)\mathrm{d}y$$

②商的分布

设$(X,Y) \sim f(x,y)$，则$Z = \dfrac{X}{Y}$的密度函数为

$$f_Z(z) = \int_{-\infty}^{+\infty} |y| f(yz,y)\mathrm{d}y$$

当X与Y独立时，有

$$f_Z(z) = \int_{-\infty}^{+\infty} |y| f_X(yz)f_Y(y)\mathrm{d}y$$

③极值分布

设X与Y相互独立，其分布函数分别为$F_X(x)$、$F_Y(y)$，则

$$Z_1 = \max(X,Y), \quad Z_2 = \min(X,Y)$$

其分布函数为

$$F_{Z_1}(z) = P(Z_1 \leqslant z) = P(\max(X,Y) \leqslant z) = P(X \leqslant z, Y \leqslant z) = F_X(z)F_Y(z)$$
$$F_{Z_2}(z) = P(Z_2 \leqslant z) = P(\min(X,Y) \leqslant z)$$
$$= 1 - P(\min(X,Y) > z)$$
$$= 1 - P(X > z, Y > z)$$
$$= 1 - [1 - F_X(z)][1 - F_Y(z)]$$

显然,上述结果可推广到 n 个相互独立的随机变量 $X_1,X_2,\dots,X_n$,此时有

$$F_{Z_1}(z) = F_{X_1}(z)F_{X_2}(z)\dots F_{X_n}(z)$$

$$F_{Z_2}(z) = 1 - [1 - F_{X_1}(z)][1 - F_{X_2}(z)]\cdots[1 - F_{X_n}(z)]$$

其中 $Z_1 = \max\limits_{1 \leqslant i \leqslant n}(X_i)$,$Z_2 = \min\limits_{1 \leqslant i \leqslant n}(X_i)$。

6)两个常见的二维分布

(1)二维均匀分布

若(X,Y)的联合概率密度为

$$f(x,y) = \begin{cases} \dfrac{1}{S(D)}, & (x,y) \in D \\ 0, & \text{其他} \end{cases}$$

式中 D 为一平面的有界区域,$S(D)$ 为 D 的面积,则称(X,Y)服从二维均匀分布,记为$(X,Y) \sim U(D)$。

(2)二维正态分布

若(X,Y)的联合概率密度为

$$f(x,y) = \frac{1}{2\pi\sigma_1\sigma_2\sqrt{1-\rho^2}} \times \exp\left\{-\frac{1}{2\sqrt{1-\rho^2}}\left[\frac{(x-\mu_1)^2}{\sigma_1^2} - \frac{2\rho(x-\mu_1)(y-\mu_2)}{\sigma_1\sigma_2} + \frac{(y-\mu_2)^2}{\sigma_2^2}\right]\right\}$$

式中 $-\infty < \mu_1$、$\mu_2 < +\infty$,$\sigma_1 > 0$,$\sigma_2 > 0$,$|\rho| < 1$,则称(X,Y)服从二维正态分布,常记为$(X,Y) \sim N(\mu_1,\mu_2,\sigma_1^2,\sigma_2^2,\rho)$。

3.4 典型例题分析

3.4.1 求二维随机变量的联合概率分布问题

【例 3.1】 从三张分别标有 1、2、3 号卡片中任意抽取一张,以 X 记其号码,放回之后拿掉三张中号码大于 X 的卡片(如果有的话),再从剩下的卡片中任意抽取一张,以 Y 记其号码,求二维随机变量(X,Y)的联合概率分布。

【分析】 求解这种题型总是先确定 X 的可能取值和 Y 的可能取值然后再求取每组值的概率。

【解】 X 的可能取值为 1、2、3,Y 的可能取值为 1、2、3,且

$$P(X=1,Y=1) = P(X=1) \times P(Y=1 \mid X=1) = \frac{1}{3} \times 1 = \frac{1}{3}$$

$$P(X=1,Y=2) = P(X=1) \times P(Y=2 \mid X=1) = \frac{1}{3} \times 0 = 0$$

$$P(X=1,Y=3) = P(X=1) \times P(Y=3 \mid X=1) = \frac{1}{3} \times 0 = 0$$

$$P(X=2,Y=1) = P(X=2) \times P(Y=1 \mid X=2) = \frac{1}{3} \times \frac{1}{2} = \frac{1}{6}$$

$$P(X=2,Y=2) = P(X=2) \times P(Y=2 \mid X=2) = \frac{1}{3} \times \frac{1}{2} = \frac{1}{6}$$

$$P(X = 2, Y = 3) = P(X = 2) \times P(Y = 3 \mid X = 2) = \frac{1}{3} \times 0 = 0$$

$$P(X = 3, Y = 1) = P(X = 3) \times P(Y = 1 \mid X = 3) = \frac{1}{3} \times \frac{1}{3} = \frac{1}{9}$$

$$P(X = 3, Y = 2) = P(X = 3) \times P(Y = 2 \mid X = 3) = \frac{1}{3} \times \frac{1}{3} = \frac{1}{9}$$

$$P(X = 3, Y = 3) = P(X = 3) \times P(Y = 3 \mid X = 3) = \frac{1}{3} \times \frac{1}{3} = \frac{1}{9}$$

于是(X,Y)的联合分布如下：

Y \ X	1	2	3
1	$\frac{1}{3}$	$\frac{1}{6}$	$\frac{1}{9}$
2	0	$\frac{1}{6}$	$\frac{1}{9}$
3	0	0	$\frac{1}{9}$

【解毕】

【例3.2】 袋中有8个球，其中2个是黑球，3个为红球，3个为白球，现从袋中随机地取3个球，设X、Y分别表示黑球和红球的个数，求(X,Y)的联合分布概率。

【解】 X的可能取值为0、1、2；Y的可能取值为0、1、2、3

$$P(X = 0, Y = 0) = \frac{C_3^3}{C_8^3} = \frac{1}{56}, P(X = 0, Y = 1) = \frac{C_3^1 C_3^2}{C_8^3} = \frac{9}{56}$$

$$P(X = 0, Y = 2) = \frac{C_3^1 C_3^2}{C_8^3} = \frac{9}{56}, P(X = 0, Y = 3) = \frac{C_3^3}{C_8^3} = \frac{1}{56}$$

$$P(X = 1, Y = 0) = \frac{C_2^1 C_3^2}{C_8^3} = \frac{6}{56}, P(X = 1, Y = 1) = \frac{C_2^1 C_3^1 C_3^1}{C_8^3} = \frac{18}{56}$$

$$P(X = 1, Y = 2) = \frac{C_2^1 C_3^2}{C_8^3} = \frac{6}{56}, P(X = 1, Y = 3) = 0$$

$$P(X = 2, Y = 0) = \frac{C_2^2 C_3^1}{C_8^3} = \frac{3}{56}, P(X = 2, Y = 1) = \frac{C_2^2 C_3^1}{C_8^3} = \frac{3}{56}$$

$$P(X = 2, Y = 2) = 0, P(X = 2, Y = 3) = 0$$

于是(X,Y)的联合概率分布如下

Y \ X	0	1	2
0	$\frac{1}{56}$	$\frac{6}{56}$	$\frac{3}{56}$
1	$\frac{9}{56}$	$\frac{18}{56}$	$\frac{3}{56}$
2	$\frac{9}{56}$	$\frac{6}{56}$	0
3	$\frac{1}{56}$	0	0

【解毕】

3.4.2 关于二维随机变量及其分布的问题

【例3.3】 设随机变量 X 和 Y 的概率分布相同,且如下:

X	-1	0	1
P	0.25	0.5	0.25

且 $P(XY=0)=1$,试求 $P(X=Y)$。

【解】 设 (X,Y) 的联合分布如下:

Y \ X	-1	0	1
-1	p_{11}	p_{12}	p_{13}
0	p_{21}	p_{22}	p_{23}
1	p_{31}	p_{32}	p_{33}

因为

$$P(XY=0) = P(X=-1,Y=0) + P(X=0,Y=-1) +$$
$$P(X=0,Y=0) + P(X=0,Y=1) +$$
$$P(X=1,Y=0) = 1$$

即

$$p_{12} + p_{22} + p_{21} + p_{23} + p_{32} = 1$$

即

$$p_{11} + p_{13} + p_{31} + p_{33} = 0$$

从而

$$p_{11} = 0, p_{13} = 0, p_{31} = 0, p_{33} = 0$$

由

$$p_{11} + p_{12} + p_{13} = P(X=-1) = 0.25,可知 p_{12} = 0.25$$
$$p_{31} + p_{32} + p_{33} = P(X=1) = 0.25,可知 p_{32} = 0.25$$
$$p_{11} + p_{21} + p_{31} = P(Y=-1) = 0.25,可知 p_{21} = 0.25$$
$$p_{12} + p_{22} + p_{32} = P(Y=0) = 0.25,可知 p_{22} = 0$$
$$p_{13} + p_{23} + p_{33} = P(Y=1) = 0.25,可知 p_{23} = 0.25$$

所以

$$P(X=Y) = p_{11} + p_{22} + p_{33} = 0$$

【解毕】

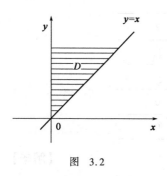

图 3.2

【例3.4】 设二维随机变量 (X,Y) 的概率密度为

$$f(x,y) = \begin{cases} Ae^{-Ay}, & 0 < x < y \\ 0, & 其他 \end{cases}$$

(1)确定常数 A;

(2)求随机变量 X 的密度 $f_X(x)$;

(3)求概率 $P(X+Y \leqslant 1)$。

【解】 (1)记 D 为 $f(x,y)$ 的零区域,即 $D = \{(x,y): 0 < x < y\}$

其图形如图 3.2 所示:
由联合密度的性质得

$$\int_{-\infty}^{+\infty}\int_{-\infty}^{+\infty}f(x,y)\,\mathrm{d}x\mathrm{d}y = 1$$

从而有

$$1 = \int_{-\infty}^{+\infty}\int_{-\infty}^{+\infty}f(x,y)\,\mathrm{d}x\mathrm{d}y = \iint_{D}Ae^{-Ay}\mathrm{d}x\mathrm{d}y = \int_{0}^{+\infty}\mathrm{d}x\int_{x}^{+\infty}Ae^{-Ay}\mathrm{d}x\mathrm{d}y = \frac{1}{A}$$

因此

$$A = 1$$

(2) X 的边缘密度为

$$f_X(x) = \int_{-\infty}^{+\infty}f(x,y)\,\mathrm{d}y = \begin{cases}\int_{x}^{+\infty}e^{-y}\mathrm{d}y, & x > 0 \\ 0, & x \leqslant 0\end{cases} = \begin{cases}e^{-x}, & x > 0 \\ 0, & x \leqslant 0\end{cases}$$

(3) 设 $G = \{(x,y):x+y\leqslant 1\}$，则 $D\cap G$ 如图 3.3 所示。故

$$P(X + Y \leqslant 1) = \iint_{G}f(x,y)\,\mathrm{d}x\mathrm{d}y = \iint_{D\cap G}e^{-y}\mathrm{d}x\mathrm{d}y$$

$$= \int_{0}^{\frac{1}{2}}\mathrm{d}x\int_{x}^{1-x}e^{-y}\mathrm{d}y = 1 + e^{-1} - 2e^{-\frac{1}{2}}$$

【解毕】

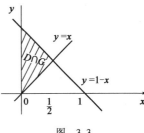

图 3.3

【技巧】在利用 $\int_{-\infty}^{+\infty}\int_{-\infty}^{+\infty}f(x,y)\,\mathrm{d}x\mathrm{d}y = 1$ 确定 $f(x,y)$ 中的常

数时,若 $f(x,y)\neq 0$ 的区域为 D,则只需用 $\iint_{D}f(x,y)\,\mathrm{d}x\mathrm{d}y = 1$ 就可以了。

【例 3.5】 设随机变量 (X,Y) 的概率密度为 $f(x,y) = \begin{cases}A(x+y), & 0 < x < 1, 0 < y < 1 \\ 0, & 其他\end{cases}$,

试求:(1)常数 A;
(2)边缘概率密度 $f_X(x)$、$f_Y(y)$;
(3) $P\left(\frac{1}{2} < X < 2, \frac{1}{2} < Y < 1\right)$;
(4) (X,Y) 是否相互独立。

【解】 (1)由联合概率密度函数的性质,有

$$\int_{-\infty}^{+\infty}\int_{-\infty}^{+\infty}f(x,y)\,\mathrm{d}x\mathrm{d}y = \int_{0}^{1}\left[\int_{0}^{1}A(x+y)\,\mathrm{d}y\right]\mathrm{d}x = A\int_{0}^{1}\left(x + \frac{1}{2}\right)\mathrm{d}x = A = 1$$

所以 $A = 1$。

(2) $f_X(x) = \int_{-\infty}^{+\infty}f(x,y)\,\mathrm{d}y, f_Y(y) = \int_{-\infty}^{+\infty}f(x,y)\,\mathrm{d}x$

当 $x\leqslant 0$ 或 $x\geqslant 1$ 时

$$f_X(x) = 0$$

当 $0 < x < 1$ 时

$$f_X(x) = \int_{-\infty}^{+\infty}f(x,y)\,\mathrm{d}y = \int_{0}^{1}(x+y)\,\mathrm{d}y = x + \frac{1}{2}$$

关于 X 的边缘概率密度为

$$f_X(x) = \begin{cases} x + \dfrac{1}{2}, & 0 < x < 1 \\ 0, & \text{其他} \end{cases}$$

当 $y \le 0$ 或 $y \ge 1$ 时

$$f_Y(y) = 0$$

当 $0 < y < 1$ 时

$$f_Y(y) = \int_{-\infty}^{+\infty} f(x,y)\,\mathrm{d}x = \int_0^1 (x+y)\,\mathrm{d}x = y + \frac{1}{2}$$

关于 Y 的边缘概率密度为

$$f_Y(y) = \begin{cases} y + \dfrac{1}{2}, & 0 < y < 1 \\ 0, & \text{其他} \end{cases}$$

$(3)P\left(\dfrac{1}{2} < X < 2, \dfrac{1}{2} < Y < 1\right) = \int_{\frac{1}{2}}^{2}\int_{\frac{1}{2}}^{1} f(x,y)\,\mathrm{d}x\mathrm{d}y = \int_{\frac{1}{2}}^{1}\left[\int_{\frac{1}{2}}^{1} f(x,y)\,\mathrm{d}y\right]\mathrm{d}x = \dfrac{3}{8}$。

(4)显然 $f(x,y) \ne f_X(x)f_Y(y)$,所以 (X,Y) 不相互独立。 【解毕】

3.4.3 关于随机变量独立性的问题

【例 3.6】 设随机变量 X 与 Y 相互独立且同分布,X 的概率密度为

$$f_X(x) = \begin{cases} 3x^2, & 0 \le x \le 1 \\ 0, & \text{其他} \end{cases}$$

且有 $P(X + Y \le a) = \dfrac{1}{20}$,其中 $0 < a \le 1$,求实数 a。

【解】 因为 X 与 Y 相互独立且同分布,所以 (X,Y) 的联合概率密度为

$$f(x,y) = f_X(x)f_Y(y) = \begin{cases} 9x^2 y^2, & 0 \le x \le 1, 0 \le y \le 1 \\ 0, & \text{其他} \end{cases}$$

又因为 $0 < a \le 1$,所以

$$P(X + Y \le a) = \iint\limits_{x+y \le a} f(x,y)\,\mathrm{d}x\mathrm{d}y = \int_0^a \mathrm{d}x \int_0^{a-x} 9x^2 y^2 \,\mathrm{d}y$$

$$= \int_0^a 3x^2 (a-x)^3 \,\mathrm{d}x = \frac{a^6}{20}$$

由 $\dfrac{a^6}{20} = \dfrac{1}{20}$ 可得 $a = -1, a = 1$ 将 $a = -1$ 舍去,得 $a = 1$。 【解毕】

【例 3.7】 设二维随机变量 (X,Y) 的概率密度函数为

$$f(x,y) = \begin{cases} ky(2-x), & 0 \le x \le 1, 0 \le y \le x \\ 0, & \text{其他} \end{cases}$$

试求常数 k,并问 X 与 Y 是否相互独立?

【思路】 常数 k 的确定仍是利用联合密度的性质,而独立性质的判断只需验证是否成立 $f(x,y) = f_X(x)f_Y(y)$,为此,首先要求出 X 与 Y 的边缘密度 $f_X(x)$ 与 $f_Y(y)$。

【解】 由联合密度的性质知

$$1 = \int_{-\infty}^{+\infty} \int_{-\infty}^{+\infty} f(x,y)\,\mathrm{d}x\mathrm{d}y = \iint_{\substack{0 \le x \le 1 \\ 0 \le y \le 1}} ky(2-x)\,\mathrm{d}x\mathrm{d}y = k\int_0^1 \mathrm{d}x \int_0^x (2-x)y\,\mathrm{d}y = \frac{5}{24}k$$

所以

$$k = \frac{24}{5}$$

(X,Y) 关于 X 的边缘密度为

$$f_X(x) = \int_{-\infty}^{+\infty} f(x,y)\,\mathrm{d}y = \begin{cases} \int_0^x \dfrac{24}{5}(2-x)y\,\mathrm{d}y, & 0 \le x \le 1 \\ 0, & \text{其他} \end{cases} = \begin{cases} \dfrac{12}{5}x^2(2-x), & 0 \le x \le 1 \\ 0, & \text{其他} \end{cases}$$

而 (X,Y) 关于 Y 的边缘密度为

$$f_Y(y) = \int_{-\infty}^{+\infty} f(x,y)\,\mathrm{d}x = \begin{cases} \int_y^1 \dfrac{24}{5(2-x)}y\,\mathrm{d}x, & 0 \le y < 1 \\ 0, & \text{其他} \end{cases} = \begin{cases} \dfrac{12}{5}y(3-4y+y^2), & 0 \le y \le 1 \\ 0, & \text{其他} \end{cases}$$

很明显,当 $0 < x < 1, 0 < y < x$ 时,有

$$f(x,y) \ne f_X(x)f_Y(y)$$

所以 X 与 Y 不互相独立。 【解毕】

3.4.4 关于二维随机变量简单函数的分布问题

【例3.8】 设随机变量 X 与 Y 相互独立且同分布,其中随机变量 X 的概率分布为 $P(X=1)=0.3, P(X=2)=0.7$,而随机变量 Y 的概率密度为 $f_Y(y)$,试求随机变量 $Z=X+Y$ 的概率密度 $f_Z(z)$。

【解】 先求 $Z=X+Y$ 的分布函数 $F_Z(z)$,由全概率公式,则有

$$\begin{aligned} F_Z(z) &= P(Z \le z) = P(X+Y \le z) \\ &= P(X=1)P(X+Y \le z \mid X=1) + P(X=2)P(X+Y \le z \mid X=2) \\ &= 0.3 \times P(Y < z-1) + 0.7 \times P(Y < z-2) \\ &= 0.3 \times F_Y(z-1) + 0.7 \times F_Y(z-2) \end{aligned}$$

所以概率密度为 $f_Z(z) = \dfrac{\mathrm{d}}{\mathrm{d}z}F_Z(z) = 0.3f_Y(z-1) + 0.7f_Y(z-2)$。 【解毕】

【例3.9】 设二维随机变量 (X,Y) 的概率密度函数为

$$f(x,y) = \begin{cases} e^{-(x+y)}, & x > 0, y > 0 \\ 0, & \text{其他} \end{cases}$$

求 $Z = |X-Y|$ 的概率密度。

【解】 显然,当 $z \le 0$ 时,有 $F_Z(z) = P(Z \le z) = P(|X-Y| \le z) = 0$;

当 $z > 0$ 时,有

$$F_Z(z) = P(Z \le z) = P(|X-Y| \le z) = \iint_{|x-y| \le z} f(x,y)\,\mathrm{d}x\mathrm{d}y = \iint_{\substack{|x-y| \le z \\ x > 0 \\ y > 0}} e^{-(x+y)}\,\mathrm{d}x\mathrm{d}y$$

此积分的积分区域如图 3.4 所示。因此,化重积分为累次积分,得

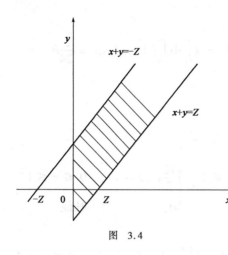

图 3.4

$$F_z(z) = \int_0^z \mathrm{d}x \int_0^{x+z} e^{-(x+y)} \mathrm{d}y + \int_z^{+\infty} \mathrm{d}x \int_{x-z}^{x+z} e^{-(x+y)} \mathrm{d}y$$

$$= \left(1 - \frac{3}{2}e^{-z} + \frac{1}{2}e^{-3z}\right) + \frac{1}{2}(e^{-z} - e^{-3z})$$

$$= 1 - e^{-z}$$

所以有

$$F_Z(z) = \begin{cases} 1 - e^{-z}, & z > 0 \\ 0, & z \leqslant 0 \end{cases}$$

从而 $Z = |X - Y|$ 的概率密度为

$$f_Z(z) = \frac{\mathrm{d}}{\mathrm{d}z} F_Z(z) = \begin{cases} e^{-z}, & z > 0 \\ 0, & z \leqslant 0 \end{cases}$$

【解毕】

【例 3.10】 设随机变量 (X,Y) 的联合概率密度为

$$f(x,y) = \begin{cases} cxe^{-y}, & 0 < x < y < +\infty \\ 0, & \text{其他} \end{cases}$$

(1) 求常数 c;

(2) X 与 Y 是否独立? 为什么?

(3) 求 (X,Y) 的联合分布函数;

(4) 求 $Z = X + Y$ 的密度函数;

(5) 求 $P(X + Y < 1)$。

【解】 (1) 根据 $\int_{-\infty}^{+\infty} \int_{-\infty}^{+\infty} f(x,y)\mathrm{d}x\mathrm{d}y = 1$,得

$$1 = \int_0^{+\infty} \mathrm{d}y \int_0^y cxe^{-y}\mathrm{d}y = \frac{c}{2}\int_0^{+\infty} y^2 e^{-y}\mathrm{d}y = \frac{c}{2}\Gamma(3) = c$$

利用特殊函数 $\Gamma(\alpha) = \int_0^{+\infty} x^{\alpha-1}e^{-x}\mathrm{d}x$ 的性质: $\Gamma(\alpha + 1) = \alpha\Gamma(\alpha)$,故 $c = 1$。

(2) 先分别计算 X 和 Y 的边缘密度

$$f_X(x) = \int_{-\infty}^{+\infty} f(x,y)\mathrm{d}y = \begin{cases} \int_x^{+\infty} xe^{-y}\mathrm{d}y, & x > 0 \\ 0, & x \leqslant 0 \end{cases} = \begin{cases} xe^{-x}, & x > 0 \\ 0, & x \leqslant 0 \end{cases}$$

$$f_Y(y) = \int_{-\infty}^{+\infty} f(x,y)\mathrm{d}x = \begin{cases} \int_x^y xe^{-y}\mathrm{d}x, & y > 0 \\ 0, & y \leqslant 0 \end{cases} = \begin{cases} \frac{1}{2}y^2 e^{-y}, & y > 0 \\ 0, & y \leqslant 0 \end{cases}$$

由于在 $0 < x < y < +\infty$ 上, $f(x,y) \neq f_X(x)f_Y(y)$,故 X 与 Y 不独立。

(3) 由于 $F(x,y) = P(X \leqslant x, Y \leqslant y)$,故有:

当 $x < 0$ 或 $y < 0$ 时,$F(x,y) = 0$。

当 $0 \leqslant y < x < +\infty$ 时,有

$$F(x,y) = P(X \leqslant x, Y \leqslant y) = \int_0^y \mathrm{d}v \int_0^v ue^{-v}\mathrm{d}u = \frac{1}{2}\int_0^y v^2 e^{-v}\mathrm{d}v = 1 - \left(\frac{1}{2}y^2 + y + 1\right)e^{-y}$$

当 $0 \leqslant x < y < +\infty$ 时,有

$$F(x,y) = P(X \leqslant x, Y \leqslant y) = \int_0^x \mathrm{d}v \int_u^y u e^{-v} \mathrm{d}v = \int_0^x u(e^{-u} - e^{-y}) \mathrm{d}u$$

$$= 1 - (x+1)e^{-x} - \frac{1}{2}x^2 e^{-y}$$

综上知

$$F(x,y) = \begin{cases} 0, & x < 0 \text{ 或 } y < 0 \\ 1 - \left(\frac{1}{2}y^2 + y + 1\right)e^{-y}, & 0 \leqslant y < x < +\infty \\ 1 - (x+1)e^{-x} - \frac{1}{2}x^2 e^{-y}, & 0 \leqslant x < y < +\infty \end{cases}$$

(4)根据两个随机变量和的密度公式

$$f_z(z) = \int_{-\infty}^{+\infty} f(x, z-x) \mathrm{d}x$$

由于要被积函数 $f(x, z-x)$ 非零,只要当 $0 < x < z - x$,即 $0 < x < \dfrac{z}{2}$ 时,从而有

当 $z < 0$ 时

$$f_z(z) = 0$$

当 $z \geqslant 0$ 时

$$f_z(z) = \int_0^{\frac{\pi}{2}} x e^{-(z-x)} \mathrm{d}x = e^{-z} \int_0^{\frac{\pi}{2}} x e^x \mathrm{d}x = e^{-z} + \left(\frac{z}{2} - 1\right)e^{-\frac{z}{2}}$$

因此

$$f_z(z) = \begin{cases} e^{-z} + \left(\dfrac{z}{2} - 1\right)e^{-\frac{z}{2}}, & z \geqslant 0 \\ 0, & z < 0 \end{cases}$$

(5)由于已经求出了 $Z = X + Y$ 的密度,故

$$P(X+Y < 1) = \int_{-\infty}^1 f_z(z) \mathrm{d}z = \int_0^1 \left[e^{-z} + \left(\frac{z}{2} - 1\right)e^{-\frac{z}{2}}\right] \mathrm{d}z = 1 - e^{-\frac{1}{2}} - e^{-1}.$$

【解毕】

3.5　基础练习题

一、判断题(在每题后的括号中对的打"√"错的打"×")

1.若 X、Y 均服从正态分布,则 (X,Y) 服从二维正态分布。　　　　　　　　(　　)

2.随机变量 (X,Y) 的概率密度为 $f(x,y) = \begin{cases} k, x^2 + y^2 \leqslant 1 \\ 0, \text{其他} \end{cases}$,则 $k = \dfrac{1}{\pi}$。　　(　　)

3.有限个相互独立的正态随机变量的线性组合仍然服从正态分布。　　　　(　　)

二、单选题(题中 4 个选项只有 1 个是正确的,把正确选项的代号填在括号内)

1.设随机变量 $X_i (i=1,2)$ 的概率分布如下

X_i	-1	0	1
p	0.25	0.50	0.25

且满足 $P\{X_1X_2=0\}=1$，则 $P\{X_1=X_2\}=(\quad)$。

A. 0   B. $\dfrac{1}{4}$ C. $\dfrac{1}{2}$ D. 1

2. 随机变量 X、Y 相互独立，且 $X \sim N(0,1)$，$Y \sim N(1,1)$，则下列各式成立的是($\quad$)。

     A. $P(X+Y \leqslant 0)=\dfrac{1}{2}$ B. $P(X+Y \leqslant 1)=\dfrac{1}{2}$

     C. $P(X+Y \geqslant 0)=\dfrac{1}{2}$ D. $P(X-Y \leqslant 1)=\dfrac{1}{2}$

3. 设 $F_1(x)$ 和 $F_2(x)$ 为二维随机变量 (X_1,X_2) 的边缘分布函数，且 X_1、X_2 相互独立，则($\quad$)必为某一随机变量的分布函数。

     A. $2F_1(x)-F_2(x)$ B. $F_1(x)+F_2(x)$

     C. $F_1(x)-\dfrac{1}{2}F_2(x)$ D. $F_1(x)F_2(x)$

4. 设两个随机变量 X、Y 相互独立且同分布：$P\{X=1\}=P\{Y=-1\}=\dfrac{1}{2}$，则下列成立的是($\quad$)。

     A. $P\{X=Y\}=\dfrac{1}{2}$ B. $P\{X=Y\}=1$

     C. $P\{X+Y=0\}=\dfrac{1}{4}$ D. $P\{XY=1\}=\dfrac{1}{4}$

5. 设相互独立的随机变量 X、Y 均服从 $(0,1)$ 区间上的均匀分布，则服从相应区间或者区域上均匀分布的有($\quad$)。

     A. X^2 B. (X,Y) C. $X+Y$ D. $X-Y$

6. 设相互独立的随机变量 X、Y 分别服从参数为 $\dfrac{1}{2}$ 的 0—1 分布和参数为 $\dfrac{1}{3}$ 的 0—1 分布，则 $t^2+2Xt+Y=0$ 中 t 有相同实根的概率为($\quad$)。

     A. $\dfrac{1}{3}$ B. $\dfrac{1}{2}$ C. $\dfrac{1}{6}$ D. $\dfrac{2}{3}$

7. 设随机变量 X 与 Y 相互独立，且均服从正态分布 $N[1,4]$，若概率 $P(aX-bY<1)=\dfrac{1}{2}$，则($\quad$)。

     A. $a=2,b=1$ B. $a=1,b=2$

     C. $a=-2,b=1$ D. $a=1,b=-2$

8. 设相互独立的随机变量 X、Y 分别服从参数为 λ_1 和 λ_2 的泊松分布，即 $X \sim \pi(\lambda_1)$，$Y \sim \pi(\lambda_2)$，则 $(X+Y) \sim (\quad)$。

     A. $\pi(\lambda_1+\lambda_2)$ B. $\pi(\lambda_1-\lambda_2)$ C. $\pi(\lambda_1\lambda_2)$ D. $\pi\left(\dfrac{\lambda_1}{\lambda_2}\right)$

9.设二维随机变量(X,Y)的概率密度函数为

$$f(x,y) = \begin{cases} k(x^2 + y^2), & 0 < x < 2, 1 < y < 4 \\ 0, & 其他 \end{cases}$$

则k的值必为(   )。

A. $\dfrac{1}{30}$ B. $\dfrac{1}{50}$ C. $\dfrac{1}{60}$ D. $\dfrac{1}{80}$

10.设二维随机变量(X,Y)的概率密度函数为

$$f(x,y) = \begin{cases} e^{-y}, & 0 < x < y \\ 0, & 其他 \end{cases}$$

则概率$P(X + Y \geqslant 1)$的值为(   )。

A. $2e^{-\frac{1}{2}} - e^{-1}$ B. $e^{-1} - e^{-2}$ C. e^{-1} D. $1 - e^{-2}$

三、填空题

1.设随机变量X与Y相互独立,表3.1列出了二维随机变量(X,Y)的联合分布律及关于X和关于Y的边缘分布律中的部分数值,试将其余数值填入表中的空白处:

二维随机变量(X,Y)的联合分布律　　　　　　　　表3.1

X ＼ Y	y_1	y_2	y_3	$P(X = x_i) = p_i.$
x_1		$\dfrac{1}{8}$		
x_2	$\dfrac{1}{8}$			
$P(Y = y_j) = p._j$	$\dfrac{1}{6}$			1

2.设随机变量X与Y相互独立,均服从$[0,2]$上的均匀分布,则$P(2X - Y \leqslant 1)$的值为_____。

3.设二维随机变量X与Y的概率密度为$f(x,y) = \begin{cases} 6x, & 0 \leqslant x \leqslant y \leqslant 1 \\ 0, & 其他 \end{cases}$,则$P(X + Y \leqslant 1)$的值为_____。

4.设X和Y为两个随机变量,且$P\{X \geqslant 0, Y \geqslant 0\} = \dfrac{3}{7}$,$P\{X \geqslant 0\} = P\{Y \geqslant 0\} = \dfrac{4}{7}$,则$P\{\max(X,Y) \geqslant 0\} = $_____。

5.设随机变量(X,Y)的分布函数为$F(x,y)$,则随机变量(Y,X)的分布函数为$F_1(x,y) = $_____。

6.设平面区域D由曲线$y = \dfrac{1}{x}$及直线$y = 0, x = 1, x = e^2$所围成,二维随机变量(X,Y)在区域D上服从均匀分布,则(X,Y)关于X的边缘概率密度在$x = 2$处的值为_____。

7.设随机变量X与Y相互独立,X在区间上$(0,2)$服从均匀分布,Y服从参数为1的指数分布,则概率$P(X + Y > 1) = $_____。

四、解答题

1.设随机变量X和Y的联合分布律如表3.2所示:

随机变量 X 和 Y 的联合分布律　　　　　　表 3.2

X \ Y	1	2
1	$\frac{1}{8}$	b
2	a	$\frac{1}{4}$
3	$\frac{1}{24}$	$\frac{1}{8}$

(1)求 a、b 应满足的条件；

(2)若 X 与 Y 相互独立,求 a、b 的值。

2. 已知随机变量 X 和 Y 的概率分布为

X	-1	0	1
P	$\frac{1}{4}$	$\frac{1}{2}$	$\frac{1}{4}$

和

Y	0	1
P	$\frac{1}{2}$	$\frac{1}{2}$

而且 $P\{XY=0\}=1$ ：

(1)求随机变量 X 和 Y 的联合分布；

(2)判断 X 与 Y 是否相互独立。

3. 设随机变量 (X,Y) 概率密度为

$$f(x,y) = \begin{cases} k(6-x-y), & 0<x<2,2<y<4 \\ 0, & \text{其他} \end{cases}$$

试求：

(1)常数 k ；

(2) $P\{X<1,Y<3\}$ ；

(3) $P\{X<1.5\}$ ；

(4) $P\{X+Y\leqslant 4\}$ 。

4. 设随机变量 X 与 Y 相互独立,概率密度分别为

$$f_X(x) = \begin{cases} e^{-x}, & x>0 \\ 0, & x\leqslant 0 \end{cases} \qquad f_Y(y) = \begin{cases} 1, & 0<y<1 \\ 0, & \text{其他} \end{cases}$$

求随机变量 $Z=X+Y$ 的概率密度。

5. 设二维随机变量(X,Y)有密度函数：$f(x,y)=\begin{cases}Ae^{-(4x+3y)}, & x>0,y>0\\ 0, & \text{其他}\end{cases}$

试求：

(1) 常数A；

(2) 边缘概率密度$f_X(x)$、$f_Y(y)$；

(3) X、Y是否相互独立。

6. 二维随机变量(X,Y)在以$(-1,0)$、$(0,1)$、$(1,0)$为顶点的三角形区域上服从均匀分布，求$Z=X+Y$的概率密度。

3.6　提高练习题

一、单选题（题中4个选项只有1个是正确的，把正确选项的代号填在括号内）

1. 设$P\{X\geqslant0,Y\geqslant0\}=\dfrac{1}{5}$，$P\{X\geqslant0\}=P\{Y\geqslant0\}=\dfrac{2}{5}$，则$P\{\max\{X,Y\}\geqslant0\}=(\quad)$。

A. $\dfrac{1}{5}$　　　　　B. $\dfrac{2}{5}$　　　　　C. $\dfrac{3}{5}$　　　　　D. $\dfrac{4}{5}$

2. 设离散型随机变量X和Y的联合概率分布为

(X,Y)	$(1,1)$	$(1,2)$	$(1,3)$	$(2,1)$	$(2,2)$	$(2,3)$
P	$\dfrac{1}{6}$	$\dfrac{1}{9}$	$\dfrac{1}{18}$	$\dfrac{1}{3}$	α	β

若X、Y独立，则α、β的值为$(\quad)$。

A. $\alpha=\dfrac{2}{9},\beta=\dfrac{1}{9}$　　　　　　　　B. $\alpha=\dfrac{1}{9},\beta=\dfrac{2}{9}$

C. $\alpha=\dfrac{1}{6},\beta=\dfrac{1}{6}$　　　　　　　　D. $\alpha=\dfrac{5}{18},\beta=\dfrac{1}{18}$

3. 设二维连续型随机变量(X_1,Y_1)与(X_2,Y_2)的联合概率密度函数分别为$f_1(x,y)$与$f_2(x,y)$，令$f(x,y)=k_1f_1(x,y)+k_2f_2(x,y)$，要使$f(x,y)$是某个二维随机变量的联合概率密度函数，当且仅当$k_1$、$k_2$满足条件$(\quad)$。

A. $k_1+k_2=1$　　　　　　　　　　B. $k_1>0$且$k_2>0$

C. $k_1\geqslant0,k_2\geqslant0$且$k_1+k_2=1$　　　D. $0\leqslant k_1\leqslant1,0\leqslant k_2\leqslant1$

4. 设X与Y相互独立，且$X\sim U(0,2)$，Y的概率密度函数为$f_Y(y)=\begin{cases}e^{-y}, & y\geqslant0\\ 0, & y<0\end{cases}$，则概率$P(X+Y\geqslant1)$的值为$(\quad)$。

A. $1-e^{-1}$　　　　B. $1-\dfrac{1}{2}e^{-1}$　　　　C. $1-e^{-2}$　　　　D. $1-2e^{-2}$

二、填空题

1. 从数 1、2、3、4 中任取一个数,记为 X,再从 $1,2,\cdots,X$ 中任取一个数记为 Y,则 $P\{Y=2\}$ = _____。

2. 设随机变量 X 与 Y 相互独立,已知 (X,Y) 的概率密度为 $f(x,y)$,则随机变量 $(-X,-Y)$ 的概率密度为_____。

3. 设随机变量 X,Y 相互独立,且均服从参数为 λ 的指数分布,$P(X>1)=e^{-2}$,则 λ _____,$P\{\min(X,Y)\leqslant 1\}=$_____。

三、解答题

1. 设二维随机变量 (X,Y) 在区域 $D=\{(x,y)\mid x\geqslant 0,y\geqslant 0,x+y\leqslant 1\}$ 上服从均匀分布。试求:

(1) (X,Y) 关于 X 的边缘概率密度;

(2) $Z=X+Y$ 的分布函数与概率密度。

2. 设 (X,Y) 在由直线 $x=1,x=e^2,y=0$ 及曲线 $y=\dfrac{1}{x}$ 所围成的区域上服从均匀分布。试求:

(1) 边缘密度 $f_X(x)$ 和 $f_Y(y)$,并说明 X 与 Y 是否独立;

(2) $P(X+Y\geqslant 2)$。

3. 设随机变量 X 的概率密度为

$$f_X(x)=\begin{cases}\dfrac{1}{2}, & -1<x<0 \\[2mm] \dfrac{1}{4}, & 0\leqslant x<2 \\[2mm] 0, & \text{其他}\end{cases}$$,令 $Y=X^2$,$F(x,y)$ 为二维随机变量 (X,Y) 的分布函数,

试求:

(1) Y 的概率密度 $f_Y(y)$;

(2) $F\left(-\dfrac{1}{2},4\right)$ 的值。

第 4 章　随机变量的数字特征

4.1　教学基本要求

（1）理解并熟练掌握数学期望、方差的定义及性质，会计算随机变量及其函数的数学期望、方差；

（2）掌握常用分布相应参数与数字特征的关系；

（3）掌握协方差和相关系数的定义，会判断两个随机变量的相关性；

（4）会计算随机变量函数的数学期望和方差；

（5）了解矩及协方差阵的有关概念。

4.2　重点与难点

重点：

（1）数学期望、方差的概念及有关的计算；

（2）数学期望、方差的性质；

（3）几种常见分布的数字特征（如二项分布、泊松分布、正态分布、指数分布及二维正态分布等）。

难点：

（1）矩和相关系数的计算，随机变量的相关性、独立性及其相互关系；

（2）数字特征的有关应用问题。

4.3　主要内容

4.3.1　主要内容结构

主要内容结构如图 4.1 所示。

4.3.2　知识点概述

1）随机变量的数学期望

（1）离散型随机变量数学期望的定义

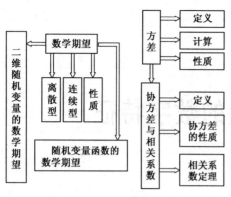

图 4.1　主要内容结构图

设离散型随机变量 X 的分布律为：$P\{X = x_i\} = p_i, i = 1, 2, \cdots$，若级数 $\sum\limits_k x_k p_k$ 绝对收敛，则称级数 $\sum\limits_k x_k p_k$ 的和为随机变量 X 的数学期望，记为 $E(X)$，即

$$E(X) = \sum_k x_k p_k$$

（2）连续型随机变量数学期望的定义

设连续型随机变量 X 的概率密度函数为 $f(x)$，且积分 $\int_{-\infty}^{+\infty} x f(x) \, \mathrm{d}x$ 绝对收敛，则称积分 $\int_{-\infty}^{+\infty} x f(x) \, \mathrm{d}x$ 为随机变量 X 的数学期望，记为 $E(X)$，即

$$E(X) = \int_{-\infty}^{+\infty} x f(x) \, \mathrm{d}x$$

数学期望简称期望或均值，它反映了随机变量所有可能取值的一种平均。

（3）随机变量函数的期望

①设 X 是随机变量，$y = g(x)$ 为实变量 x 的函数。

a. 若 X 是离散型随机变量，其分布律为：$P\{X = x_k\} = p_k, k = 1, 2, \cdots$，且级数 $\sum\limits_k g(x_k) p_k$ 绝对收敛，则

$$E(Y) = E[g(X)] = \sum_k g(x_k) p_k$$

b. 若 X 是连续型随机变量，其密度函数为 $f(x)$，且积分 $\int_{-\infty}^{+\infty} g(x) f(x) \, \mathrm{d}x$ 绝对收敛，则

$$E(Y) = E[g(X)] = \int_{-\infty}^{+\infty} g(x) f(x) \, \mathrm{d}x$$

②设 (X, Y) 是二维随机变量，$z = g(x, y)$ 为实变量 x、y 的二元函数。

a. 若 (X, Y) 是离散型随机变量，其分布律为：$P\{X = x_i, Y = y_j\} = p_{ij}, i, j = 1, 2, \cdots$，且 $\sum\limits_i \sum\limits_j g(x_i, y_j) p_{ij}$ 绝对收敛，则

$$E(Z) = E[g(X, Y)] = \sum_i \sum_j g(x_i, y_j) p_{ij}$$

b. 若 (X, Y) 是连续型随机变量，其密度函数为 $f(x, y)$，且积分 $\int_{-\infty}^{+\infty} \int_{-\infty}^{+\infty} g(x, y) f(x, y) \, \mathrm{d}x \mathrm{d}y$ 绝对收敛，则

$$E(Z) = E[g(X, Y)] = \int_{-\infty}^{+\infty} \int_{-\infty}^{+\infty} g(x, y) f(x, y) \, \mathrm{d}x \mathrm{d}y$$

（4）数学期望的性质

设 X 的分布函数为 $F(x)$，则有：

①$E(C) = C$，C 为任意常数，$E(E(X)) = E(X)$

②$E(CX) = CE(X)$

③$E(X + Y) = E(X) + E(Y)$

$E(aX + b) = aE(X) + b$

$E(C_1 X_1 + C_2 X_2 + \cdots + C_n X_n) = C_1 E(X_1) + C_2 E(X_2) + \cdots + C_n E(X_n)$

④若 X 与 Y 不相关，则

$$E(XY) = E(X)E(Y)$$

一般地,若 $X_1,X_2,\cdots,X_n$ 相互独立,则
$$E(X_1 \cdot X_2 \cdots X_n) = E(X_1)E(X_2) \cdots E(X_n)$$

2)方差

(1)定义

设 X 是一个随机变量,若 $E\{[X-E(X)]^2\}$ 存在,则称 $E\{[X-E(X)]^2\}$ 为 X 的方差,记为 $D(X)$,即

$$D(X) = E\{[X-E(X)]^2\}$$

$\sigma(X) = \sqrt{D(X)}$ 称为标准差或均方差。

方差 $D(X)$ 表达了随机变量 X 的取值与其数学期望的偏离程度,是衡量随机变量取值分散程度的一个量。若 X 的取值比较集中,则 $D(X)$ 较小;反之,若 X 的取值比较分散,则 $D(X)$ 较大。方差 $D(X)$ 实际上是随机变量函数 $g(X) = [X-E(X)]^2$ 的数学期望。

(2)计算

①若 X 是离散型随机变量,其分布律为:$P\{X=x_k\}=p_k,k=1,2,\cdots$,则
$$D(X) = \sum_k [x_k - E(X)]^2 p_k$$

②若 X 是连续型随机变量,其密度函数为 $f(x)$,则
$$D(X) = \int_{-\infty}^{+\infty} [x - E(X)]^2 f(x)\,\mathrm{d}x$$

③常用计算公式
$$D(X) = E(X^2) - E^2(X)$$

(3)方差的性质

①$D(X) = E(X^2) - E^2(X), E(X^2) = D(X) + E^2(X)$;

②$D(C) = 0, C$ 为常数,$D[D(X)] = 0$;

③$D(aX+b) = a^2 D(X), a \smallsetminus b$ 为常数;

④若 X 与 Y 不相关,则 $D(X \pm Y) = D(X) + D(Y)$;

一般地,若 $X_1,X_2,\cdots,X_n$ 相互独立,且 $D(X_i)(i=1,2,\cdots,n)$ 存在,则
$$D(C_1X_1 + C_2X_2 + \cdots + C_nX_n) = C_1^2 D(X_1) + C_2^2 D(X_2) + \cdots + C_n^2 D(X_n)$$

⑤$D(X \pm Y) = D(X) + D(Y) \pm 2\mathrm{cov}(X,Y)$;

⑥$D(X) = 0 \Leftrightarrow P(X=C) = 1$

3)协方差与相关系数

(1)协方差

对于随机变量 X 和 Y,如果 $E\{[X-E(X)][Y-E(Y)]\}$ 存在,则称其为 X 和 Y 的协方差,记为 $\mathrm{cov}(X,Y)$,即

$$\mathrm{cov}(X,Y) = E\{[X-E(X)][Y-E(Y)]\}$$

(2)相关系数

对于随机变量 X 和 Y,如果 $D(X) \neq 0, D(Y) \neq 0$,则称 $\dfrac{\mathrm{cov}(X,Y)}{\sqrt{D(X)}\sqrt{D(Y)}}$ 为随机变量 X 和 Y 的相关系数,记为

$$\rho_{XY} = \rho(X,Y) = \frac{\text{cov}(X,Y)}{\sqrt{D(X)}\ \sqrt{D(Y)}}$$

ρ_{XY}是一个无量纲量,用来表示随机变量 X 和 Y 之间线性关系紧密程度,当$|\rho_{XY}|$较大时,说明 X、Y 线性相关程度较强;当$|\rho_{XY}|$较小时,说明 X、Y 线性相关程度较弱;当 $\rho_{XY}=0$ 时,称 X 与 Y 不相关。

(3)协方差及相关系数的性质

①$\text{cov}(X,X) = D(X)$

②$\text{cov}(X,Y) = \text{cov}(Y,X)$

③$\text{cov}(X_1 + X_2,Y) = \text{cov}(X_1,Y) + \text{cov}(X_2,Y)$

④$\text{cov}(aX + c,bY + d) = ab\text{cov}(X,Y)$,$a$、$b$、$c$、$d$ 是常数

⑤$|\rho_{XY}| \leq 1$

⑥$|\rho_{XY}| = 1 \Leftrightarrow X$ 与 Y 以概率 1 线性相关,即存在 a、b,且 $a \neq 0$,使 $P(Y = aX + b) = 1$

4)常见分布的数学期望与方差如表 4.1 所示。

常见分布的数学期望与方差 表 4.1

分　　布	数　学　期　望	方　　差
0—1 分布 $B(1,p)$	p	$p(1-p)$
二项分布 $B(n,p)$	np	$np(1-p)$
泊松分布 $\pi(\lambda)$	λ	λ
几何分布 $G(p)$	$\dfrac{1}{p}$	$\dfrac{1-p}{p^2}$
均匀分布 $U(a,b)$	$\dfrac{a+b}{2}$	$\dfrac{(b-a)^2}{12}$
正态分布 $N(\mu,\sigma^2)$	μ	σ^2
指数分布	θ	θ^2

4.4 典型例题分析

4.4.1 有关期望和方差的计算问题

【例 4.1】 将 4 个不同色的球随机放入 4 个盒子中,每盒容纳球数无限,试求空盒子数 X 的数学期望。

【解】 (方法一)设空盒子数为 X,则 X 的概率分布如下:

X	0	1	2	3
P	$\dfrac{4!}{4^4}$	$\dfrac{C_4^1 C_4^1 C_3^1 P_3^3/2}{4^4}$	$\dfrac{C_4^2(C_4^2 + C_2^1 C_4^3)}{4^4}$	$\dfrac{C_4^1}{4^4}$

从而

$$E(X) = 0 \times \frac{4!}{4^4} + 1 \times \frac{C_4^1 C_4^1 C_3^1 P_3^3/2}{4^4} + 2 \times \frac{C_4^2(C_4^2 + C_2^1 C_4^3)}{4^4} + 3 \times \frac{C_4^1}{4^4} = \frac{81}{64}$$

(方法二)引入 $X_i, i = 1, 2, 3, 4$

$$X_i = \begin{cases} 1, & \text{第 } i \text{ 盒空} \\ 0, & \text{其他} \end{cases}$$

则 $X = X_1 + X_2 + X_3 + X_4$，且有

X_i	0	1
P	$1 - \left(\dfrac{3}{4}\right)^4$	$\left(\dfrac{3}{4}\right)^4$

从而 $E(X_i) = \left(\dfrac{3}{4}\right)^4$，故 $E(X) = 4 \times \left(\dfrac{3}{4}\right)^4 = \dfrac{81}{64}$。 **【解毕】**

【例 4.2】 设 $X \sim \pi(\lambda)$，$E(X-1)(X-2) = 1$，试求 λ。

【解】 因为 $X \sim \pi(\lambda)$，所以 $E(X) = D(X) = \lambda$，由

$$\begin{aligned} E(X-1)(X-2) &= E(X^2 - 3X + 2) \\ &= D(X) + [E(X)]^2 - 3E(X) + 2 \\ &= \lambda + \lambda^2 - 3\lambda + 2 = 1 \end{aligned}$$

解得 $\lambda = 1$。

【解毕】

【例 4.3】 设 X 是一随机变量，其概率密度为

$$f(x) = \begin{cases} 1 + x, & -1 \leqslant x \leqslant 0 \\ 1 - x, & 0 < x \leqslant 1 \\ 0, & \text{其他} \end{cases}$$

求 DX。

【解】 $EX = \displaystyle\int_{-\infty}^{+\infty} x f(x)\,\mathrm{d}x = \int_{-1}^{0} x(1+x)\,\mathrm{d}x + \int_{0}^{1} x(1-x)\,\mathrm{d}x = 0$

$EX^2 = \displaystyle\int_{-\infty}^{+\infty} x^2 f(x)\,\mathrm{d}x = \int_{-1}^{0} x^2(1+x)\,\mathrm{d}x + \int_{0}^{1} x^2(1-x)\,\mathrm{d}x = 2\int_{0}^{1} x^2(1-x)\,\mathrm{d}x = \dfrac{1}{6}$

于是

$$DX = EX^2 - (EX)^2 = \dfrac{1}{6}$$ **【解毕】**

【例 4.4】 已知连续型随机变量 X 的密度函数为 $f(x) = \dfrac{1}{\sqrt{\pi}} e^{-x^2 + 2x - 1}$，$-\infty < x < +\infty$，求 EX 与 DX。

【解】 （方法一）直接法

由数学期望与方差的定义知

$$\begin{aligned} EX &= \int_{-\infty}^{+\infty} x f(x)\,\mathrm{d}x = \frac{1}{\sqrt{\pi}}\int_{-\infty}^{+\infty} x e^{-(x-1)^2}\,\mathrm{d}x = \frac{1}{\sqrt{\pi}}\int_{-\infty}^{+\infty} e^{-(x-1)^2}\,\mathrm{d}x + \frac{1}{\sqrt{\pi}}\int_{-\infty}^{+\infty} (x-1)e^{-(x-1)^2}\,\mathrm{d}x \\ &= \frac{1}{\sqrt{\pi}}\int_{-\infty}^{+\infty} e^{-(x-1)^2}\,\mathrm{d}x = 1 \end{aligned}$$

$$DX = E(X - EX)^2 = \int_{-\infty}^{+\infty} (x-1)^2 f(x)\,\mathrm{d}x = \int_{-\infty}^{+\infty} (x-1)^2 \frac{1}{\sqrt{\pi}} e^{-(x-1)^2}\,\mathrm{d}x$$

$$= \frac{1}{\sqrt{\pi}} \int_{-\infty}^{+\infty} t^2 e^{-t^2} \mathrm{d}t = \frac{1}{2\sqrt{\pi}} \int_{-\infty}^{+\infty} e^{-t^2} \mathrm{d}t = \frac{1}{2}$$

(方法二)利用正态分布定义

由于期望为 μ,方差为 σ^2 的正态分布的概率密度为 $\frac{1}{2\sqrt{\pi}} e^{-\frac{(x-\mu)^2}{2\sigma^2}}$ $(-\infty < x < +\infty)$

所以把 $f(x)$ 变形为

$$f(x) = \frac{1}{\sqrt{2\pi} \cdot \sqrt{\frac{1}{2}}} e^{-\frac{(x-1)^2}{2 \times \left(\sqrt{\frac{1}{2}}\right)^2}}$$

易知,$f(x)$ 为 $N\left(1, \frac{1}{2}\right)$ 的概率密度,因此有 $EX = 1, DX = \frac{1}{2}$。 【解毕】

4.4.2 有关随机变量函数的数学期望与方差

【例 4.5】 设二维随机变量 (X,Y) 的联合概率密度为

$$f(x,y) = \begin{cases} \frac{1}{4}x(1 + 3y^2), & 0 < x < 2, 0 < y < 1 \\ 0, & 其他 \end{cases}$$

试求 $E(X)$、$E(Y)$、$E(X+Y)$、$E(XY)$、$E(Y/X)$。

【解】 $E(X) = \int_{-\infty}^{+\infty} \int_{-\infty}^{+\infty} xf(x,y)\mathrm{d}x\mathrm{d}y = \int_0^2 x \cdot \frac{1}{4}x\mathrm{d}x \int_0^1 (1 + 3y^2)\mathrm{d}y = \frac{4}{3}$

$E(Y) = \int_{-\infty}^{+\infty} \int_{-\infty}^{+\infty} yf(x,y)\mathrm{d}x\mathrm{d}y = \int_0^2 \frac{1}{4}x\mathrm{d}x \int_0^1 y(1 + 3y^2)\mathrm{d}y = \frac{5}{8}$

由数学期望的性质有

$$E(X + Y) = E(X) + E(Y) = \frac{4}{3} + \frac{5}{8} = \frac{47}{24}$$

$$E(XY) = \int_{-\infty}^{+\infty} \int_{-\infty}^{+\infty} xyf(x,y)\mathrm{d}x\mathrm{d}y = \int_0^2 x \cdot \frac{1}{4}x\mathrm{d}x \int_0^1 y(1 + 3y^2)\mathrm{d}y = \frac{5}{6}$$

$$E\left(\frac{Y}{X}\right) = \int_{-\infty}^{+\infty} \int_{-\infty}^{+\infty} \left(\frac{y}{x}\right)f(x,y)\mathrm{d}x\mathrm{d}y = \int_0^2 \frac{1}{2}\mathrm{d}x \int_0^1 y \cdot \frac{1}{2}(1 + 3y^2)\mathrm{d}y = \frac{5}{8} \neq \frac{15}{32} = \frac{E(Y)}{E(X)}$$

【解毕】

【例 4.6】 设 X 服从参数为 1 的指数分布,求 $E(X + e^{-2X})$。

【解】 由题设知,X 的密度函数为

$$f(x) = \begin{cases} e^{-x}, & x > 0 \\ 0, & x \leqslant 0 \end{cases}$$

且 $EX = 1$,又因为

$$Ee^{-2X} = \int_{-\infty}^{+\infty} e^{-2x}f(x)\mathrm{d}x = \int_0^{+\infty} e^{-2x} \cdot e^{-x}\mathrm{d}x = \frac{1}{3}$$

从而

$$E(X + e^{-2X}) = EX + Ee^{-2X} = 1 + \frac{1}{3} = \frac{4}{3}$$ 【解毕】

【例4.7】　设二维随机变量(X,Y)在区域$G=\{(x,y):0<x<1,|y|<x\}$内服从均匀分布,求随机变量$Z=2X+1$的方差DZ。

【解】　由方差的性质得知

$$DZ=D(2X+1)=4DX$$

又由于X的边缘密度为

$$f_X(x)=\int_{-\infty}^{+\infty}f(x,y)\mathrm{d}y=\begin{cases}\int_{-x}^{x}1\mathrm{d}y,&0<x<1\\0,&\text{其他}\end{cases}$$

$$=\begin{cases}2x,&0<x<1\\0,&\text{其他}\end{cases}$$

于是

$$EX=\int_0^1 x\cdot 2x\mathrm{d}x=\frac{2}{3},EX^2=\int_0^1 x^2\cdot 2x\mathrm{d}x=\frac{1}{2}$$

$$DX=EX^2-(EX)^2=\frac{1}{2}-\left(\frac{2}{3}\right)^2=\frac{1}{18}$$

因此
$$DZ=4DX=4\times\frac{1}{18}=\frac{2}{9}$$
【解毕】

【例4.8】　设随机变量(X,Y)服从二维正态分布,其密度函数为

$$f(x,y)=\frac{1}{2\pi}e^{-\frac{1}{2}(x^2+y^2)}$$

求随机变量$Z=\sqrt{X^2+Y^2}$的期望和方差。

【解】　由于$Z=\sqrt{X^2+Y^2}$,故

$$EZ=E\left(\sqrt{X^2+Y^2}\right)=\int_{-\infty}^{+\infty}\int_{-\infty}^{+\infty}\sqrt{x^2+y^2}\cdot f(x,y)\mathrm{d}x\mathrm{d}y$$

$$=\frac{1}{2\pi}\int_{-\infty}^{+\infty}\int_{-\infty}^{+\infty}\sqrt{x^2+y^2}e^{-\frac{x^2+y^2}{2}}\mathrm{d}x\mathrm{d}y$$

令$\begin{cases}x=r\cos\theta\\y=r\sin\theta\end{cases}$,则

$$EZ=\frac{1}{2\pi}\int_0^{2\pi}\mathrm{d}\theta\int_0^{+\infty}re^{-\frac{r^2}{2}}\mathrm{d}r=\frac{1}{2\pi}\cdot2\pi\left(-re^{-\frac{r^2}{2}}\Big|_0^{+\infty}+\int_0^{+\infty}e^{-\frac{r^2}{2}}\mathrm{d}r\right)=\int_0^{+\infty}e^{-\frac{r^2}{2}}\mathrm{d}r=\sqrt{\frac{\pi}{2}}$$

而

$$EZ^2=E(X^2+Y^2)=\frac{1}{2\pi}\int_{-\infty}^{+\infty}\int_{-\infty}^{+\infty}(x^2+y^2)e^{-\frac{(x^2+y^2)}{2}}\mathrm{d}x\mathrm{d}y$$

$$=\frac{1}{2\pi}\int_0^{2\pi}\mathrm{d}\theta\int_0^{+\infty}r^2e^{-\frac{r^2}{2}}\cdot r\mathrm{d}r=2\int_0^{+\infty}re^{-\frac{r^2}{2}}\mathrm{d}r=2$$

故
$$DZ=EZ^2-(EZ)^2=2-\frac{\pi}{2}$$
【解毕】

4.4.3　有关协方差、相关系数、独立性与相关性的问题

【例 4.9】　已知随机变量 X、Y 以及 XY 的概率分布如下

X	0	1	2
P	$\dfrac{1}{2}$	$\dfrac{1}{3}$	$\dfrac{1}{6}$

Y	0	1	2
P	$\dfrac{1}{3}$	$\dfrac{1}{3}$	$\dfrac{1}{3}$

XY	0	1	2	4
P	$\dfrac{7}{12}$	$\dfrac{1}{3}$	0	$\dfrac{1}{12}$

试求 $\mathrm{cov}(X-Y,Y)$，ρ_{XY}。

【解】　由协方差的性质有

$$\mathrm{cov}(X-Y,Y)=\mathrm{cov}(X,Y)-\mathrm{cov}(Y,Y)=\mathrm{cov}(X,Y)-D(Y)$$

由已知可得

$$E(X)=0\times\frac{1}{2}+1\times\frac{1}{3}+2\times\frac{1}{6}=\frac{2}{3},E(Y)=1$$

$$E(XY)=\frac{2}{3},E(X^2)=1,E(Y^2)=\frac{5}{3}$$

从而

$$D(X)=E(X^2)-[E(X)]^2=\frac{5}{9}$$

$$D(Y)=E(Y^2)-[E(Y)]^2=\frac{2}{3}$$

并且

$$\mathrm{cov}(X,Y)=E(XY)-E(X)\cdot E(Y)=\frac{2}{3}-\frac{2}{3}\times1=0$$

所以

$$\mathrm{cov}(X-Y,Y)=\mathrm{cov}(X,Y)-D(Y)=0-\frac{2}{3}=-\frac{2}{3}$$

$$\rho_{XY}=\frac{\mathrm{cov}(X,Y)}{\sqrt{D(X)D(Y)}}=\frac{0}{\sqrt{\dfrac{5}{9}\times\dfrac{2}{3}}}=0 \qquad\text{【解毕】}$$

【例 4.10】　已知随机变量 X,Y 分别服从正态分布 $N(1,3^2)$ 和 $N(0,4^2)$，且 X 与 Y 的相关系数 $\rho_{XY}=-\dfrac{1}{2}$，设 $Z=\dfrac{X}{3}+\dfrac{Y}{2}$：

(1)求 Z 的数学期望 $E(Z)$ 和方差 $D(Z)$；

(2)求 X 与 Z 的相关系数 ρ_{XZ}。

【解】 $(1)E(Z)=E\left(\dfrac{X}{3}+\dfrac{Y}{2}\right)=\dfrac{1}{3}E(X)+\dfrac{1}{2}E(Y)=\dfrac{1}{3}\times1+\dfrac{1}{2}\times0=\dfrac{1}{3}$

$$D(Z)=D\left(\frac{X}{3}+\frac{Y}{2}\right)=\frac{1}{9}D(X)+\frac{1}{4}D(Y)+2\mathrm{cov}\left(\frac{X}{3},\frac{Y}{2}\right)$$

$$=\frac{1}{9}D(X)+\frac{1}{4}D(Y)+2\times\frac{1}{3}\times\frac{1}{2}\mathrm{cov}(X,Y)$$

$$=\frac{1}{9}D(X)+\frac{1}{4}D(Y)+2\times\frac{1}{3}\times\frac{1}{2}\rho_{XY}\sqrt{D(X)D(Y)}$$

$$=\frac{1}{9}\times3^2+\frac{1}{4}\times4^2+2\times\frac{1}{3}\times\frac{1}{2}\left(-\frac{1}{2}\right)\rho_{XY}\sqrt{3^2\times4^2}=3$$

$(2)\mathrm{cov}(X,Z)=\mathrm{cov}\left(X,\dfrac{X}{3}+\dfrac{Y}{2}\right)=\mathrm{cov}\left(X,\dfrac{X}{3}\right)+\mathrm{cov}\left(X,\dfrac{Y}{2}\right)$

$$=\frac{1}{3}\mathrm{cov}(X,X)+\frac{1}{2}\mathrm{cov}(X,Y)$$

$$=\frac{1}{3}D(X)+\frac{1}{2}\rho_{XY}\sqrt{D(X)D(Y)}$$

$$=\frac{1}{3}\times9+\frac{1}{2}\times\left(-\frac{1}{2}\right)\times\sqrt{3^2\times4^2}=0$$

【解毕】

【例4.11】 设二维离散随机变量(X,Y)的分布律为:

X \ Y	−1	0	1
−1	$\dfrac{1}{8}$	$\dfrac{1}{8}$	$\dfrac{1}{8}$
0	$\dfrac{1}{8}$	0	$\dfrac{1}{8}$
1	$\dfrac{1}{8}$	$\dfrac{1}{8}$	$\dfrac{1}{8}$

求:ρ_{XY},并问X与Y是否独立,为什么?

【解】 X与Y的边缘分布律分别为:

X	−1	0	1
P	$\dfrac{3}{8}$	$\dfrac{2}{8}$	$\dfrac{3}{8}$

和

Y	−1	0	1
P	$\dfrac{3}{8}$	$\dfrac{2}{8}$	$\dfrac{3}{8}$

从而 $$EX=EY=0$$

$$EX^2=EY^2=(-1)^2\times\frac{3}{8}+0^2\times\frac{2}{8}+1^2\times\frac{3}{8}=\frac{3}{4}$$

从而 $$DX=DY=\frac{3}{4}$$

又由于

$$EXY=\sum_{i=1}^{3}\sum_{j=1}^{3}x_iy_jp_{ij}=\sum_{i=1}^{3}x_i\sum_{j=1}^{3}y_jp_{ij}=(-1)\times\left[(-1)\times\frac{1}{8}+0\times\frac{1}{8}+1\times\frac{1}{8}\right]$$

$$+ 0 + 1 \times \left[(-1) \times \frac{1}{8} + 0 \times \frac{1}{8} + 1 \times \frac{1}{8} \right] = 0$$

所以

$$\mathrm{cov}(X, Y) = EXY - EX \cdot EY = 0$$

从而

$$\rho_{XY} = \frac{\mathrm{cov}(X, Y)}{\sqrt{DX} \cdot \sqrt{DY}} = 0$$

因为 $P(X = -1, Y = -1) = \frac{1}{8} \neq P(X = -1)P(Y = -1) = \frac{3}{8} \times \frac{3}{8}$

所以 X 与 Y 不独立。

【解毕】

4.4.4 有关数字特征的应用题

【例 4.12】 一台设备由三大部件构成,在设备运转中各部件需要调整的概率相应为 0.10、0.20 和 0.30,假设各部件的状态相互独立,以 X 表示同时需要调整的部件数,试求 X 的数学期望 EX 和方差 DX。

【解】 引入事件

$$A_i = \{ \text{第 } i \text{ 个部件需要调整} \} \qquad i = 1, 2, 3$$

根据题设,三部件需要调整的概率分别为

$$P(A_1) = 0.10, P(A_2) = 0.20, P(A_3) = 0.30$$

由题设部件的状态相互独立,于是有

$$\begin{aligned}
P(X = 0) &= P(\overline{A_1}\,\overline{A_2}\,\overline{A_3}) = P(\overline{A_1})P(\overline{A_2})P(\overline{A_3}) \\
&= 0.9 \times 0.8 \times 0.7 = 0.504 \\
P(X = 1) &= P(A_1\overline{A_2}\,\overline{A_3} \cup \overline{A_1}A_2\overline{A_3} \cup \overline{A_1}\,\overline{A_2}A_3) \\
&= 0.1 \times 0.8 \times 0.7 + 0.9 \times 0.2 \times 0.7 + 0.9 \times 0.8 \times 0.3 \\
&= 0.398 \\
P(X = 2) &= P(A_1A_2\overline{A_3} \cup A_1\overline{A_2}A_3 \cup \overline{A_1}A_2A_3) \\
&= 0.1 \times 0.2 \times 0.7 + 0.1 \times 0.8 \times 0.3 + 0.9 \times 0.2 \times 0.3 \\
&= 0.092
\end{aligned}$$

于是 X 的分布律为:

X	0	1	2	3
P	0.504	0.398	0.092	0.006

从而

$$EX = \sum_i x_i p_i = 0 \times 0.504 + 1 \times 0.398 + 2 \times 0.092 + 3 \times 0.006 = 0.6$$

$$EX^2 = \sum_i x_i^2 p_i = 0^2 \times 0.504 + 1^2 \times 0.398 + 2^2 \times 0.092 + 3^2 \times 0.006 = 0.820$$

故

$$DX = EX^2 - (EX)^2 = 0.820 - 0.6^2 = 0.46$$

【解毕】

【例4.13】 假设由自动线加工的某种零件的内径 $X(\mathrm{mm})$ 服从正态分布 $N(\mu,1)$,内径小于 10 或大于 12 的为不合格品,其余为合格品,销售每件合格品获利,销售每件不合格品亏损,已知销售利润 T(单位:元)与销售零件的内径 X 有如下关系:

$$T = \begin{cases} -1, & \text{若 } X < 10 \\ 20, & \text{若 } 10 \leqslant X \leqslant 12 \\ -5, & \text{若 } X > 12 \end{cases}$$

问平均内径 μ 取何值时,销售一个零件的平均利润最大?

【解】 由于 $X \sim N(\mu,1)$,故 $X-\mu \sim N(0,1)$,从而由题设条件知,平均利润为

$$\begin{aligned} ET &= 20 \times P(10 \leqslant X \leqslant 12) - P(X < 10) - 5 \times P(X > 12) \\ &= 20 \times \big[\Phi(12-\mu) - \Phi(10-\mu) \big] - \Phi(10-\mu) - 5\big[1 - \Phi(12-\mu) \big] \\ &= 25\Phi(12-\mu) - 21\Phi(10-\mu) - 5 \end{aligned}$$

其中 $\Phi(x)$ 为标准正态分布函数,设 $\varphi(x)$ 为标准正态密度函数,则有

$$\begin{aligned} \frac{\mathrm{d}ET}{\mathrm{d}\mu} &= -25\varphi(12-\mu) + 21\varphi(10-\mu) \\ &= -\frac{25}{\sqrt{2\pi}}e^{-\frac{(12-\mu)^2}{2}} + \frac{21}{\sqrt{2\pi}}e^{-\frac{(10-\mu)^2}{2}} \end{aligned}$$

令其等于 0,得

$$\frac{25}{\sqrt{2\pi}}e^{-\frac{(12-\mu)^2}{2}} = \frac{21}{\sqrt{2\pi}}e^{-\frac{(10-\mu)^2}{2}}$$

由此得

$$\mu = \mu_0 = 11 - \frac{1}{2}\ln\frac{25}{21} \approx 10.9$$

由题意知$\left(\text{此时} \dfrac{\mathrm{d}^2 ET}{\mathrm{d}\mu^2}|_{\mu=\mu_0} < 0\right)$,当 $\mu = \mu_0 \approx 10.9\mathrm{mm}$ 时,平均利润最大。

【解毕】

【例4.14】 对目标进行射击,直到击中目标为止。如果每次射击的命中率为 p,求射击次数 X 的数学期望和方差。

【解】 由题意可求得 X 的分布律为:

$$P(X=k) = pq^{k-1}, k = 1,2,\cdots, q = 1-p$$

于是

$$EX = \sum_{k=1}^{\infty} kpq^{k-1} = p\sum_{k=1}^{\infty} kq^{k-1}$$

为了求级数 $\sum\limits_{k=1}^{\infty} kq^{k-1}$ 的和,利用如下的技巧:

由于

$$\sum_{k=1}^{\infty} q^k = \frac{1}{1-q}, 0 < q < 1$$

对此级数逐项求导,得

$$\frac{\mathrm{d}}{\mathrm{d}q}\left(\sum_{k=0}^{\infty} q^k \right) = \sum_{k=0}^{\infty} \frac{\mathrm{d}q^k}{\mathrm{d}q} = \sum_{k=1}^{\infty} kq^{k-1}$$

因此
$$\sum_{k=1}^{\infty} kq^{k-1} = \frac{\mathrm{d}}{\mathrm{d}q}\left(\frac{1}{1-q}\right) = \frac{1}{(1-q)^2}$$

从而
$$EX = p \cdot \frac{1}{(1-q)^2} = p \cdot \frac{1}{p^2} = \frac{1}{p}$$

为了求 DX, 先求 EX^2。由于

$$EX^2 = E(X(X-1)+X) = \sum_{K=1}^{\infty} k(k-1)pq^{k-1} + \frac{1}{p} = pq\sum_{k=2}^{\infty} k(k-1)q^{k-2} + \frac{1}{p}$$

为了求 $\sum_{k=2}^{\infty} k(k-1)q^{k-2}$ 的值, 注意到

$$\frac{\mathrm{d}}{\mathrm{d}q}\left(\sum_{k=1}^{\infty} kq^{k-1}\right) = \frac{\mathrm{d}}{\mathrm{d}q}\left(\frac{1}{(1-q)^2}\right) = \frac{2}{(1-q)^3}$$

从而

$$EX^2 = p \cdot q \cdot \frac{2}{(1-q)^3} + \frac{1}{p} = \frac{2q}{p^2} + \frac{1}{p}$$

因此

$$DX = EX^2 - (EX)^2 = \frac{1-p}{p^2} = \frac{q}{p^2}$$

【解毕】

4.5　基础练习题

一、单选题(题中 4 个选项只有 1 个是正确的,把正确选项的代号填在括号内)

1. 设随机变量 X 和 Y 相互独立, 且 $X \sim B(10, 0.3)$、$Y \sim B(10, 0.4)$, 则 $E(2X-Y)^2$ = ( )。

　　A. 12.6　　　　　　　　B. 14.8　　　　　　　　C. 15.2　　　　　　　　D. 18.9

2. 设 (X,Y) 是二维随机变量, 且 $D(X)=4, D(Y)=1$, 相关系数 $\rho_{XY}=0.6$, 则 $D(3X-2Y)$ = ( )。

　　A. 40　　　　　　　　　B. 34　　　　　　　　　C. 25.6　　　　　　　　D. 17.6

3. 设随机变量 X 的概率密度为 $\varphi(x) = \begin{cases} ax^2+bx+c, & 0<x<1 \\ 0, & \text{其他} \end{cases}$, 已知 $EX = 0.5, DX = 0.15$, 则关于系数 a、b、c 的正确选项为( )。

　　A. $a=12, b=-12, c=3$　　　　　　　　B. $a=12, b=12, c=3$

　　C. $a=-12, b=12, c=3$　　　　　　　　D. $a=-12, b=-12, c=3$

4. 设随机变量 X 的方差存在, 则 $D[D(X)] = ($)。

　　A. 0　　　　　　　　　　B. $D(X)$　　　　　　　C. $[D(X)]^2$　　　　　　D. $[E(X)]^2$

5. 设 X 与 Y 的相关系数为 0, 则( )。

　　A. X 与 Y 相互独立　　　　　　　　　B. X 与 Y 不一定相关

　　C. X 与 Y 必不相关　　　　　　　　　D. X 与 Y 必相关

6. 设 X 是一个随机变量,$E(X)=\mu$,$D(X)=\sigma^2$,$(\mu,\sigma<0)$,则对任意常数 c,必有(　　)。

　　A. $E\left[(X-c)^2\right]=E(X^2)-c^2$　　　　　　　B. $E\left[(X-c)^2\right]=E\left[(X-\mu)^2\right]$

　　C. $E\left[(X-c)^2\right]<E\left[(X-\mu)^2\right]$　　　　　　D. $E\left[(X-c)^2\right]\geqslant E\left[(X-\mu)^2\right]$

7. 对于任意两个随机变量 X 和 Y,若 $E(XY)=E(X)E(Y)$,则(　　)。

　　A. $D(XY)=D(X)D(Y)$　　　　　　　　　B. $D(X+Y)=D(X)+D(Y)$

　　C. X 和 Y 相互独立　　　　　　　　　　D. X 和 Y 不相互独立

8. 设二维随机变量 (X,Y) 服从二维正态分布,则随机变量 $\xi=X+Y$ 与 $\eta=X-Y$ 不相关的充分必要条件为(　　)。

　　A. $E(X)=E(Y)$

　　B. $E(X^2)-\left[E(X)\right]^2=E(Y^2)-\left[E(Y)\right]^2$

　　C. $E(X^2)=E(Y^2)$

　　D. $E(X^2)+\left[E(X)\right]^2=E(Y^2)+\left[E(Y)\right]^2$

9. 将一枚硬币重复掷 n 次,以 X 和 Y 分别表示正面向上的次数和反面向上的次数,则 X 和 Y 的相关系数等于(　　)。

　　A. -1　　　　　　　　B. 0　　　　　　　　C. $\dfrac{1}{2}$　　　　　　　　D. 1

10. 已知随机变量 X 在 $[-1,1]$ 上服从均匀分布,$Y=X^2$,则 X 与 Y(　　)。

　　A. 相关且不独立　　　　　　　　　　　B. 不相关且独立

　　C. 不相关且不独立　　　　　　　　　　D. 相关且相互独立

二、填空题

1. 设 X 表示 10 次独立重复射击中命中目标的次数,每次射中目标的概率为 0.4,求 $EX^2=$ _____。

2. 设随机变量 $X \sim E(1)$,则 $E(X-3e^{-2X})=$ _____。

3. 设随机变量 $X \sim E(\theta)$,且已知 $E(X)=4D(X)$,则 $\theta=$ _____。

4. 设离散型随机变量 X 的分布律为 $P(X=2^k)=\dfrac{2}{3^k}$,$k=1,2,\cdots$,则 $E(X)=$ _____。

5. 设 X、Y 是两个相互独立且均服从正态分布 $N\left(0,\dfrac{1}{2}\right)$ 的随机变量,则随机变量 $|X-Y|$ 的数学期望 $E(|X-Y|)=$ _____。

6. 设随机变量 X_1、X_2、X_3 相互独立,且都服从参数为 λ 的泊松分布,令 $Y=\dfrac{1}{3}(X_1+X_2+X_3)$,则 Y^2 的数学期望等于 _____。

7. 设随机变量 X 服从参数为 λ 的泊松分布,且已知 $E[(X-1)(X-2)]=1$,则 $\lambda=$ _____。

8. 已知连续性随机变量 X 的概率密度为 $f(x)=\dfrac{1}{\sqrt{6\pi}}e^{-\frac{x^2-4x+4}{6}}$,$-\infty<x<+\infty$,则 $E(X)=$ _____;$D(X)=$ _____。

9. 设随机变量 X 服从正态分布 $N(\mu,\sigma^2)$ $(\sigma>0)$,且二次方程 $y^2+4y+X=0$ 无实根的概

率为 $1/2$, 则 $\mu=$ _____。

10. 设随机变量 X 和 Y 的相关系数 $\rho_{XY}=0.9$, 若 $Z=X-0.4$, 则 Y 与 Z 的相关系数 ρ_{YZ} = _____。

三、解答题

1. 设随机变量 X 的分布律为

X	-1	1	2	3
P	0.2	0.3	0.4	0.1

试求: $(1)E(X)$; $(2)E(X^2)$; $(3)E(X+1)$。

2. 已知随机变量 X 只取非负整数, 其概率分布为 $P(X=k)=\dfrac{ab^k}{k!}$, 且 $E(X)=\lambda$, 试确定 a、b 之值。

3. 设随机变量 X 的概率密度为

$$f(x)=\begin{cases}e^{-x}, & x\geqslant 0\\ 0, & x<0\end{cases}$$

试求: $(1)E(3X)$; $(2)E(e^{-3X})$。

4. 设连续型随机变量 X 的概率密度为

$$f(x)=\begin{cases}ax(x+1), & 0<x<1\\ 0, & \text{其他}\end{cases}$$

试求: $(1)a$; $(2)E(X)$; $(3)P(X<0.5)$。

5. 设随机变量 X 的概率密度为

$$f(x)=\begin{cases}ax, & 0<x<2\\ cx+b, & 2\leqslant x\leqslant 4\\ 0, & \text{其他}\end{cases}$$

已知 $EX=2$, $P(1<X<3)=\dfrac{3}{4}$, 求: (1) 常数 a、b、c; $(2)Ee^x$。

6.设随机变量(X,Y)的联合分布律为

X＼Y	0	1
0	0.3	0.2
1	0.4	0.1

试求：$E(X)$、$E(Y)$、$E(X-2Y)$、$E(3XY)$、$D(X)$、$D(Y)$、$\mathrm{cov}(X,Y)$、ρ_{XY}。

7.设随机变量X、Y相互独立,且X服从$(0,2)$上的均匀分布,Y服从参数$\theta=2$的指数分布,试求：$(1)E(X+2Y)$；$(2)D(X+2Y)$；$(3)E\left[(X+Y)^2\right]$。

8.设二维随机变量(X,Y)的概率密度为
$$f(x)=\begin{cases}6xy, & 0<x<1,0<y<2(1-x)\\ 0, & 其他\end{cases}$$
试求：$(1)E(X)$、$E(Y)$；$(2)D(X)$、$D(Y)$；$(3)\mathrm{cov}(X,Y)$、ρ_{XY}。

9.设随机变量X,Y满足$E(X)=1,D(X)=1,E(Y)=2,D(Y)=4,\rho_{XY}=0.5$,令$Z=\dfrac{X}{2}+\dfrac{Y}{3}$,试求：$(1)E(Z)$；$(2)D(Z)$；$(3)\mathrm{cov}(X,Z)$。

10.一商店经销某种商品,每周进货的数量X与顾客对该种商品的需求量Y是相互独立的随机变量,且均服从区间$[10,20]$上的均匀分布,商店每售出一单位商品可得利润1000元；若需求量超过进货量,商店可从其他商店调剂供应,这时每单位商品获利润为500元,试计算此商店经销该种商品每周利润的期望值。

63

11.从学校乘汽车到火车站的途中有 3 个交通岗,假设在各个交通岗遇到红灯的事件是相互独立的,并且概率都是 2/5。设 X 为途中遇到红灯的次数,求:(1) X 的分布列;(2)分布函数;(3)数学期望;(4)方差。

12.(1)设 $X \sim U[0,1]$, $Y \sim U[0,1]$ 且 X 与 Y 独立,求 $E(|X-Y|)$;

(2)设 $X \sim N(0,1)$, $Y \sim N(0,1)$ 且 X 与 Y 独立,求 $E(|X-Y|)$ 。

4.6 提高练习题

一、单选题(题中 4 个选项只有 1 个是正确的,把正确选项的代号填在括号内)

1.设随机变量 X 和 Y 相互独立,则(　　)。

A. $D(XY) = D(X)D(Y)$

B. $E\left(\dfrac{X}{Y}\right) = \dfrac{E(X)}{E(Y)}$

C. $D(XY) < D(X)D(Y)$

D. $E\left(\dfrac{X}{Y}\right) = E(X)E\left(\dfrac{1}{Y}\right)$

2.设随机变量 X 和 Y 的方差均不为零,则 $D(X+Y) = D(X) + D(Y)$ 是 X 和 Y 的(　　)。

A. 不相关的充分条件,但不是必要条件

B. 不相关的充分必要条件

C. 独立的必要条件,但不是充分条件

D. 独立的充分且必要条件

3.设随机变量 X 和 Y 独立同分布,且方差存在。$U = X - Y$, $V = X + Y$,则随机变量 U 与 V 必然(　　)。

A. 不独立

B. 独立

C. 相关系数不为零

D. 相关系数为零

4.设随机变量 $X_1, X_2, \cdots, X_n (n>1)$ 独立同分布,且其方差,$\sigma^2 > 0$,设 $Y = \dfrac{1}{n}\sum_{i=1}^{n} X_i$,则以下正确的是(　　)。

A. $\mathrm{cov}(X_1, Y) = \dfrac{\sigma^2}{n}$

B. $\mathrm{cov}(X_1, Y) = \sigma^2$

C. $D(X_1 + Y) = \dfrac{n+2}{n}\sigma^2$

D. $D(X_1 - Y) = \dfrac{n+1}{n}\sigma^2$

二、填空题

1. 设随机变量 X 的分布函数 $F(x) = \begin{cases} 0, & x < -1 \\ 0.2, & -1 \leqslant x < 0 \\ 0.6, & 0 \leqslant x < 1 \\ 1, & x \geqslant 1 \end{cases}$，则 $E(|X|) = $ _____；

$D(|X|) = $ _____。

2. 设随机变量 X 与 Y 的相关系数 $\rho_{XY} = 0.7$，若 $Z = X + 0.8$，则 Y 与 Z 的相关系数为 _____。

3. 设随机变量 X 服从参数为 λ 的指数分布，则 $P\{X > \sqrt{D(X)}\} = $ _____。

三、解答题

1. 对目标进行射击，每次射击发一颗子弹，直至击中 n 次为止，设各次射击相互独立，且每次射击时击中目标的概率为 p，试求子弹的消耗量 X 的数学期望和方差。

2. 一民航班车上共有 20 名旅客，自机场开出，旅客有 10 个车站可以下车，如到达一个车站没有旅客下车就不停车，以 X 表示停车的次数，求 EX（设每位旅客在各车站下车是等可能的）。

3. 设随机变量 (X,Y) 服从二维正态分布，其密度函数为

$$f(x,y) = \frac{1}{2\pi} e^{-\frac{1}{2}(x^2 + y^2)}$$

求随机变量 $Z = \sqrt{X^2 + Y^2}$ 的期望和方差。

第5章 样本及抽样分布

5.1 教学基本要求

(1)理解总体、个体、样本和统计量的概念;

(2)掌握样本均值、样本方差和样本矩的概念和性质;

(3)了解χ^2分布、t分布和F分布的定义和性质,并会查表计算概率;

(4)会推导正态总体某些统计量的分布。

5.2 主要内容

5.2.1 主要内容结构图

主要内容结构如图5.1所示。

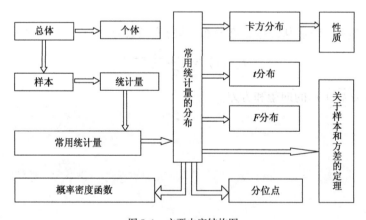

图5.1 主要内容结构图

5.2.2 知识点概述

1)常用统计量

(1)样本均值$\overline{X} = \dfrac{1}{n}\sum\limits_{i=1}^{n}X_i$;

（2）样本方差 $S^2 = \dfrac{1}{n-1} \sum\limits_{i=1}^{n} (X_i - \overline{X})^2 = \dfrac{1}{n-1} \left(\sum\limits_{i=1}^{n} X_i^2 - n \overline{X}^2 \right)$；

（3）样本标准差 $S = \sqrt{S^2}$；

（4）样本 k 阶原点矩 $A_k = \dfrac{1}{n} \sum\limits_{i=1}^{n} X_i^k, k = 1, 2, \cdots$；

（5）样本 k 阶中心矩 $B_k = \dfrac{1}{n} \sum\limits_{i=1}^{n} (X_i - \overline{X})^k, k = 1, 2, \cdots$。

2）常用统计量的分布

（1）χ^2 分布

设 $X \sim N(0,1)$，$X_1, X_2, \cdots, X_n$ 是 X 的一个样本，则统计量 $\chi^2 = \sum\limits_{i=1}^{n} X_i^2$ 服从自由度为 n 的 χ^2 分布，记作 $\chi^2 \sim \chi^2(n)$。

（2）t 分布

设 $X \sim N(0,1)$，$Y \sim \chi^2(n)$，且 X, Y 相互独立，则随机变量 $t = \dfrac{X}{\sqrt{Y/n}}$ 服从自由度为 n 的 t 分布，记作 $t \sim t(n)$。t 分布又称为学生氏分布。

（3）F 分布

设 $X \sim \chi^2(n_1)$，$Y \sim \chi^2(n_2)$，且 X, Y 相互独立，则随机变量 $F = \dfrac{X/n_1}{Y/n_2}$ 服从自由度为 (n_1, n_2) 的 F 分布，记作 $F \sim F(n_1, n_2)$。

5.3　疑难分析

正态总体统计量的分布。

设 $X \sim N(\mu, \sigma^2)$，$X_1, X_2, \cdots, X_n$ 是 X 的一个样本，则

（1）样本均值 $\overline{X}$ 服从正态分布，有 $\overline{X} \sim N\left(\mu, \dfrac{\sigma^2}{n} \right)$ 或 $U = \dfrac{\overline{X} - \mu}{\sigma/\sqrt{n}} \sim N(0,1)$；

（2）样本方差 $\dfrac{(n-1)S^2}{\sigma^2} \sim \chi^2(n-1)$；

（3）统计量 $\dfrac{\overline{X} - \mu}{S/\sqrt{n}} \sim t(n-1)$；

（4）统计量 $\dfrac{S_1^2/\sigma_1^2}{S_2^2/\sigma_2^2} \sim F(n_1-1, n_2-1)$；

（5）统计量 $\dfrac{\sum\limits_{i=1}^{n_1}(x_i - \mu_1)^2/\sigma_1^2}{\sum\limits_{j=1}^{n_2}(y_1 - \mu_2)^2/\sigma_2^2 n_2} \dfrac{n_2}{n_1} \sim F(n_1, n_2)$。

5.4　典型例题分析

【例5.1】　设 $X_i \sim N(\mu_i,\sigma^2)(i=1,2,\cdots,5)$，$(1)\mu_1,\mu_2,\cdots,\mu_5$ 不全等；$(2)\mu_1=\mu_2=\cdots=\mu_5$。问：$X_1,X_2,\cdots,X_5$ 是否为简单随机样本？

【思路】　相互独立且与总体同分布的样本是简单随机样本，由此进行验证。

【解】　（1）由于 $X_1 \sim N(\mu_i,\sigma^2)(i=1,2,\cdots,5)$，且 $\mu_1,\mu_2,\cdots,\mu_5$ 不全等，所以 $X_1,X_2,\cdots,X_5$ 不是同分布，因此 $X_1,X_2,\cdots,X_5$ 不是简单随机样本。

（2）由于 $\mu_1=\mu_2=\cdots=\mu_5$，那么 $X_1,X_2,\cdots,X_5$ 服从相同的分布，但不知道 $X_1,X_2,\cdots,X_5$ 是否相互独立，因此 $X_1,X_2,\cdots,X_5$ 不一定是简单随机样本。　**【解毕】**

【例5.2】　设 $X \sim N(\mu,\sigma^2)$，$X_1,X_2,\cdots,X_n$ 是取自总体的简单随机样本，$\overline{X}$ 为样本均值，S_n^2 为样本二阶中心矩，S^2 为样本方差，问下列统计量

$$(1)\frac{nS_n^2}{\sigma^2}；(2)\frac{\overline{X}-\mu}{S_n/\sqrt{n-1}}；(3)\frac{\sum\limits_{i=1}^{n}(X_i-\mu)^2}{\sigma^2}\text{各服从什么分布？}$$

【思路】　利用已知统计量的分布进行分析。

【解】　（1）由于 $\frac{(n-1)S^2}{\sigma^2} \sim \chi^2(n-1)$，又有 $S_n^2=\frac{1}{n}\sum\limits_{i=1}^{n}(X_i-\overline{X})^2=\frac{n-1}{n}S^2$，

$$nS_n^2=(n-1)S^2，\text{因此}\frac{nS_n^2}{\sigma^2} \sim \chi^2(n-1)；$$

（2）由于 $\frac{\overline{X}-\mu}{S/\sqrt{n}} \sim t(n-1)$，又有 $\frac{S}{\sqrt{n}}=\frac{S_n}{\sqrt{n-1}}$，因此 $\frac{\overline{X}-\mu}{S_n/\sqrt{n-1}} \sim t(n-1)$；

（3）由 $X_i \sim N(\mu,\sigma^2)(i=1,2,\cdots,n)$ 得 $\frac{X_i-\mu}{\sigma} \sim N(0,1)(i=1,2,\cdots,n)$，由 χ^2 分布的定义

得 $\dfrac{\sum\limits_{i=1}^{n}(X_i-\mu)^2}{\sigma^2} \sim \chi^2(n)$。　**【解毕】**

【例5.3】　设总体服从参数为 λ 的指数分布，分布密度为 $p(x;\lambda)=\begin{cases}\lambda e^{-\lambda x}, & x>0 \\ 0, & x\leqslant 0\end{cases}$ 求 $E\overline{X}$、$D\overline{X}$ 和 ES^2。

【思路】　利用已知指数分布的期望、方差和它们的性质进行计算。

【解】　由于 $EX_i=1/\lambda$，$DX_i=1/\lambda^2 (i=1,2,\cdots,n)$，所以

$$E\overline{X}=E\left(\frac{1}{n}\sum_{i=1}^{n}X_i\right)=\frac{1}{n}\sum_{i=1}^{n}E(X_i)=\frac{1}{\lambda}$$

$$D\overline{X}=D\left(\frac{1}{n}\sum_{i=1}^{n}X_i\right)=\frac{1}{n^2}\sum_{i=1}^{n}D(X_i)=\frac{1}{n\lambda^2}$$

$$\boldsymbol{ES^2=DX=\frac{1}{\lambda^2}}$$

　【解毕】

5.5 基础练习题

一、判断题(在每题后的括号中对的打"√"错的打"×")

1. $\chi^2 \sim \chi^2(n)$,则 $E\chi^2 = n$,$D\chi^2 = n$。 (　　)

2. 设 $X_1, X_2, \cdots, X_n$ 是来自总体 X 的样本,且 $EX = \mu$,则 $\dfrac{\overline{X} - \mu}{S/\sqrt{n}} \sim t(n-1)$。 (　　)

3. 设总体 X 的期望 $E(X)$、方差 $D(X)$ 均存在,X_1、X_2 是 X 的一个样本,则统计量 $\dfrac{1}{3}X_1 + \dfrac{2}{3}X_2$ 是 $E(X)$ 的无偏估计量。 (　　)

4. 若 $E(\hat{\theta}_1) = E(\hat{\theta}_2) = \theta$ 且 $D(\hat{\theta}_1) < D(\hat{\theta}_2)$ 则 以 $\hat{\theta}_2$ 估计 θ 较 $\hat{\theta}_1$ 估计 θ 有效 。 (　　)

5. 设 $\hat{\theta}_n$ 为 θ 的估计量,对任意 $\varepsilon > 0$,如果 $\lim\limits_{n \to \infty} P\{|\hat{\theta}_n - \theta| \geqslant \varepsilon\} = 0$ 则称 $\hat{\theta}_n$ 是 θ 的一致估计量。 (　　)

6. 样本方差 $S^2 = \dfrac{1}{n-1}\sum\limits_{i=1}^{n}(X_i - \overline{X})^2$ 是总体 $X \sim N(\mu, \sigma^2)$ 中 σ^2 的无偏估计量。$S_*^2 = \dfrac{1}{n}\sum\limits_{i=1}^{n}(X_i - \overline{X})^2$ 是总体 X 中 σ^2 的有偏估计。 (　　)

二、单选题(题中4个选项只有1个是正确的,把正确选项的代号填在括号内)

1. 设 $X_1, X_2, \cdots, X_n$ 是来自总体 $N(0,1)$ 的样本,则 $\dfrac{1}{n-1}\sum\limits_{i=2}^{n} X_i^2 / X_1^2 \sim ($　　$)$。

    A. $F(1, n-1)$ B. $F(1, n)$

    C. $F(n-1, 1)$ D. $F(n, 1)$

2. 设 $X \sim t(n)$,则 X^2 服从的分布是($\quad$)。

    A. $\chi^2(n)$ B. $F(1, n)$

    C. $\chi^2(n-1)$ D. $F(n, 1)$

3. 设总体 $X \sim N(2, 4^2)$,$X_1, X_2, \cdots, X_n$ 为来自 X 的样本,则下列结论正确的($\quad$)。

    A. $\dfrac{\overline{X} - 2}{4} \sim N(0,1)$ B. $\dfrac{\overline{X} - 2}{16} \sim N(0,1)$

    C. $\dfrac{\overline{X} - 2}{2} \sim N(0,1)$ D. $\dfrac{\overline{X} - 2}{\frac{4}{\sqrt{n}}} \sim N(0,1)$

4. 设 $X_1, X_2, \cdots, X_n$ 是总体 X 的简单随机样本,则 $X_1, X_2, \cdots, X_n$ 必然满足($\quad$)。

    A. 独立但分布不同   B. 分布相同但不相互独立

    C. 独立同分布   D. 不能确定

5. 设 $X_1, X_2, \cdots, X_n$ 是来自正态总体 $N(\mu, \sigma^2)$ 的简单随机样本,其中 μ、σ^2 未知,则下面不是统计量的是($\quad$)。

A. X_i B. $\frac{1}{n}\sum\limits_{i=1}^{n}X_i^2$

C. $\frac{1}{n-1}\sum\limits_{i=1}^{n}(X_i-\overline{X})^2$ D. $\frac{1}{n}\sum\limits_{i=1}^{n}(X_i-\mu)^2$

6. 设 $X_1,X_2,\cdots,X_n$ 是 X 的样本，X 的期望为 $E(X)$，且 $\overline{X}=\frac{1}{n}\sum\limits_{i=1}^{n}X_i$，则有（　　）。

A. $\overline{X}=E(X)$ B. $E(\overline{X})=E(X)$

C. $\overline{X}=\frac{1}{n}E(X)$ D. $\overline{X}=E(X)$

7. 设总体 X 服从正态分布 $N(\mu,\sigma^2)$，其中 μ 已知，σ 未知，X_1,X_2,X_3 是取自总体 X 的一个样本，则非统计量是（　　）。

A. $\frac{1}{3}(X_1+X_2+X_3)$ B. $X_1+X_2+2\mu$

C. $\max(X_1,X_2,X_3)$ D. $\frac{1}{\sigma^2}(X_1^2+X_2^2+X_3^2)$

8. 设 $X_1,X_2,\cdots,X_n$ 是来自正态总体 $N(\mu,\sigma^2)$ 的简单随机样本 $S_1^2=\frac{1}{n-1}\sum\limits_{i=1}^{n}(X_i-\overline{X})^2$，$S_2^2=\frac{1}{n}\sum\limits_{i=1}^{n}(X_i-\overline{X})^2$，$S_3^2=\frac{1}{n-1}\sum\limits_{i=1}^{n}(X_i-\mu)^2$，$S_4^2=\frac{1}{n}\sum\limits_{i=1}^{n}(X_i-\mu)^2$，则服从自由度为 $n-1$ 的 t 分布的随机变量是（　　）。

A. $\dfrac{\overline{X}-\mu}{S_1/\sqrt{n-1}}$ B. $\dfrac{\overline{X}-\mu}{S_2/\sqrt{n-1}}$

C. $\dfrac{\overline{X}-\mu}{S_3/\sqrt{n}}$ D. $\dfrac{\overline{X}-\mu}{S_4/\sqrt{n}}$

9. 设 X_1、X_2、X_3 是来自总体 X 的容量为 3 的样本，$\hat{\mu}_1=\frac{1}{5}X_1+\frac{3}{10}X_2+\frac{1}{2}X_3$，$\hat{\mu}_2=\frac{1}{3}X_1+\frac{1}{4}X_2+\frac{5}{12}X_3$，$\hat{\mu}_3=\frac{1}{3}\overline{X}_1+\frac{1}{6}\overline{X}_2+\frac{1}{2}\overline{X}_3$，则下列说法正确的是（　　）。

A. $\hat{\mu}_1,\hat{\mu}_2,\hat{\mu}_3$ 都是 $\mu=E(X)$ 的无偏估计且有效性顺序为 $\hat{\mu}_1>\hat{\mu}_2>\hat{\mu}_3$
B. $\hat{\mu}_1,\hat{\mu}_2,\hat{\mu}_3$ 都是 $\mu=E(X)$ 的无偏估计，且有效性从大到小的顺序为 $\hat{\mu}_2>\hat{\mu}_1>\hat{\mu}_3$
C. $\hat{\mu}_1,\hat{\mu}_2,\hat{\mu}_3$ 都是 $\mu=E(X)$ 的无偏估计，且有效性从大到小的顺序为 $\hat{\mu}_3>\hat{\mu}_2>\hat{\mu}_1$
D. $\hat{\mu}_1,\hat{\mu}_2,\hat{\mu}_3$ 不全是 $\mu=E(X)$ 的无偏估计，无法比较

三、填空题

1. 从一批零件中随机取 5 只，测得其长度为 3.1,2.6,2.8,3.3,2.9，则样本的均值为 _____ 。

2. 设 $X\sim F(n,n)$，且 $P\{X>\alpha\}=0.05$，则 $P\left\{X>\frac{1}{\alpha}\right\}=$ _____ 。

3. 设来自总体 X 的一个样本观察值为：2.1,5.4,3.2,9.8,3.5，则样本均值 $=$ _____ ，样本方差 $=$ _____ 。

4. 在总体 $X \sim N(5,16)$ 中随机地抽取一个容量为 36 的样本,则均值 $\overline{X}$ 落在 4 与 6 之间的概率为 _____ 。

5. 设某厂生产的灯泡的使用寿命 $X \sim N(1000,\sigma^2)$ (单位:小时),抽取一容量为 9 的样本,得到 $\overline{x}=940,s=100$,则 $P(\overline{X}<940)=$ _____ 。

6. 设 $X_1,\cdots,X_7$ 为总体 $X \sim N(0,0.5^2)$ 的一个样本,则 $P(\sum\limits_{i=1}^{7}X_i^2>4)=$ _____ 。

7. 设 $X_1,\cdots,X_6$ 为总体 $X \sim N(0,1)$ 的一个样本,且 cY 服从 χ^2 分布,这里,$Y=(X_1+X_2+X_3)^2+(X_4+X_5+X_6)^2$,则 $c=$ _____ 。

8. 设 $X_1,\cdots,X_{10}$ 及 $Y_1,\cdots,Y_{15}$ 分别是总体 $N(20,6)$ 的容量为 10,15 的两个独立样本,$\overline{X},\overline{Y}$ 分别为样本均值,S_1^2,S_2^2 分别为样本方差,则:$\overline{X} \sim$ _____ ,$\overline{X}-\overline{Y} \sim$ _____ ,$P\{|\overline{X}-\overline{Y}|>1\}=$ _____ 。($\varPhi,(1)=0.8413$)。

9. 设 X_1、X_2、X_3、X_4 是来自正态总体 $N(0.2^2)$ 的简单随机样本,$X=a(X_1-2X_2)^2+b(3X_3-4X_4)^2$,则当 $a=$ _____ 时,$b=$ _____ 时,统计量 X 服从 χ^2 分布,其自由度为 _____ 。

10. $X_1,X_2,\cdots,X_n$ 为来自总体 $X \sim N(\mu,\sigma^2)$ 的样本,则 $\dfrac{(n-1)}{\sigma^2}S^2 \sim$ _____ ;$(\overline{X}-\mu)\dfrac{\sqrt{n}}{S^2} \sim$ _____ 。其中 $\overline{X}$ 为样本均值,$S^2=\dfrac{1}{n-1}\sum\limits_{i=1}^{n}(X-\overline{X})^2$ 为样本方差。

四、解答题

1. 在总体 $N(52,6.3^2)$ 中随机抽一容量为 36 的样本,求样本均值 $\overline{X}$ 落在 50.8 到 53.8 之间的概率。

2. 设 $X_1,X_2,\cdots,X_n$ 是来自泊松分布 $\pi(\lambda)$ 的一个样本,$\overline{X},S^2$ 分别为样本均值和样本方差,求 $E(\overline{X})$、$D(\overline{X})$、$E(S^2)$。

3. 设总体 $X \sim b(1,p)$,$X_1,X_2,\cdots,X_n$ 是来自 X 的样本。
(1)求 $X_1,X_2,\cdots,X_n$ 的分布律;
(2)求 $\sum\limits_{i=1}^{n}X_i$ 的分布律;
(3)求 $E(\overline{X})$、$D(\overline{X})$、$E(S^2)$。

4. 设某厂生产的灯泡的使用寿命 $X \sim N(1000, \sigma^2)$（单位：小时），抽取一容量为 9 的样本，其样本标准差 $S = 100$，问 $P(\overline{X} < 940)$ 是多少？

5. 设总体 $X \sim N(0,1)$，从此总体中取一个容量为 6 的样本 $X_1, \cdots, X_6$，设 $Y = (X_1 + X_2 + X_3)^2 + (X_4 + X_5 + X_6)^2$，试决定常数 C，使随机变量 CY 服从 χ^2 分布。

6. 设 $X_1, \cdots, X_4, Y_1, \cdots, Y_5$ 分别是来自正态 $N(0,1)$ 的总体 X 与 Y 的样本，$Z = \sum_{i=1}^{4}(X_i - \overline{X})^2 + \sum_{i=1}^{5}(Y_i - \overline{Y})^2$，求 EZ。

5.6　提高练习题

一、单选题（题中 4 个选项只有 1 个是正确的，把正确选项的代号填在括号内）

1. 设随机变量 $X \sim t(n)$，$(n > 1)$，$Y = \dfrac{1}{X^2}$，则（　　）。

    A. $Y \sim \chi^2(n)$ B. $Y \sim \chi^2(n-1)$

    C. $Y \sim F(n,1)$ D. $Y \sim F(1,n)$

2. 设总体 $X \sim N(\mu, \sigma^2)$，σ^2 已知，若样本容量 n 和置信度 $1-\alpha$ 均不变，则对于不同的样本观测值，总体均值 μ 的置信区间的长度（　　）。

    A. 变长   B. 变短   C. 保持不变   D. 不能确定

3. X 服从正态分布且 $E(X) = -1$，$E(X^2) = 4$，$\overline{X} = \dfrac{1}{n}\sum_{i=1}^{n} X_i$ 服从的分布为（　　）。

    A. $N\left(-1, \dfrac{3}{n}\right)$ B. $N\left(-1, \dfrac{4}{n}\right)$

    C. $N\left(-\dfrac{1}{n}, 4\right)$ D. $N\left(-\dfrac{1}{n}, \dfrac{3}{n}\right)$

4. 设总体 $X \sim N(0, \sigma^2)$，$X_1, \cdots, X_n$ 为来自 X 的样本，则服从 $\chi^2(n-1)$ 的是（　　）。

    A. $\sum_{i=1}^{n} X_i^2$ B. $\dfrac{1}{\sigma^2}\sum_{i=1}^{n} X_i^2$

    C. $\sum_{i=1}^{n}(X_i - \overline{X})^2$ D. $\dfrac{1}{\sigma^2}\sum_{i=1}^{n}(X_i - \overline{X})^2$

二、填空题

1. 设总体 $X \sim N(\mu, \sigma^2)$，$X_1, X_2, \cdots, X_n$ 为来自 X 的样本，则 $X_i - \overline{X} \sim$ _____。

2.设总体 $X \sim N(1,1)$，X_1,X_2,X_3,X_4 为来自 X 的样本，$k(X_1+X_2+X_3+X_4-4)^2$ 服从 $\chi^2(n)$ 分布，则 $k=$ _____，$n=$ _____。

3.设总体 $X \sim N(\mu,2^2)$，$X_1,X_2,\cdots,X_n$ 为来自 X 的样本，要使 $E(\overline{X}-\mu)^2 \leqslant 0.1$，则样本容量 n 至少应为_____。

第6章 参 数 估 计

6.1 教学基本要求

(1)掌握矩估计量、最大似然估计量的求法；
(2)掌握单个正态总体均值、方差的置信区间；
(3)理解估计量的评判标准：无偏性、有效性、相合性；
(4)了解单个正态总体均值、方差的单侧置信区间；
(5)了解两个正态总体的均值差、方差比的单侧置信区。

6.2 主要内容

6.2.1 主要内容结构图

主要内容结构如图6.1所示。

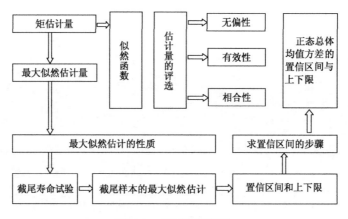

图6.1 主要内容结构图

6.2.2 知识点概述

1)参数的点估计及其求法

根据总体 X 的一个样本来估计参数的真值称为参数的点估计,主要包括:

（1）估计量的选取；

（2）矩估计法；

（3）极大似然估计法；

（4）估计量的优劣标准：无偏性、有效性、相合性。

2）参数的区间估计

（1）双侧置信区间、单侧置信区间；

（2）单个正态总体均值与方差的置信区间如表6.1所示。

单个正态总体均值与方差的置信区间　　　　　　表6.1

估计参数	参数情况	统 计 量	置信度为 $1-\alpha$ 的置信区间
μ	σ^2 已知	$U = \dfrac{\overline{X} - \mu}{\sqrt{\sigma^2/n}} \sim N(0,1)$	$\left(\overline{X} - Z_{\frac{\alpha}{2}} \cdot \dfrac{\sigma}{\sqrt{n}}, \overline{X} + Z_{\frac{\alpha}{2}} \cdot \dfrac{\sigma}{\sqrt{n}} \right)$
	σ^2 未知	$t = \dfrac{\overline{X} - \mu}{S/\sqrt{n}} \sim t(n-1)$	$\left(\overline{X} - t_{\frac{\alpha}{2}}(n-1) \cdot \dfrac{S}{\sqrt{n}}, \overline{X} + t_{\frac{\alpha}{2}}(n-1) \cdot \dfrac{S}{\sqrt{n}} \right)$
σ^2	μ 未知	$\chi^2 = \dfrac{(n-1)S^2}{\sigma^2} \sim \chi^2(n-1)$	$\left(\dfrac{(n-1)S^2}{\chi^2_{\frac{\alpha}{2}}(n-1)}, \dfrac{(n-1)S^2}{\chi^2_{1-\frac{\alpha}{2}}(n-1)} \right)$
	μ 已知	$\chi^2 = \dfrac{\sum\limits_{i=1}^{n}(X_i - \mu)^2}{\sigma^2} \sim \chi^2(n)$	$\left(\dfrac{\sum\limits_{i=1}^{n}(X_i - \mu)^2}{\chi^2_{\frac{\alpha}{2}}(n)}, \dfrac{\sum\limits_{i=1}^{n}(X_i - \mu)^2}{\chi^2_{1-\frac{\alpha}{2}}(n)} \right)$

6.3　疑难分析

如何估计单个正态总体均值与方差的置信区间？

单个正态总体均值与方差的置信区间估计需视给定参数的情况而定，根据参数的情况，选择不同的统计量，从而确定相应的置信区间。

6.4　典型例题分析

【例6.1】　设总体 X 服从几何分布，分布律为：$P\{X = x\} = (1-p)^{x-1}p, x = 1,2,\cdots$，其中 p 为未知参数，且 $0 \leqslant p \leqslant 1$。设 $X_1, X_2, \cdots, X_n$ 为 X 的一个样本，求 p 的矩估计与极大似然估计。

【思路】　根据矩估计与极大似然估计方法直接进行估计。

【解】　（1）因为 $E(X) = 1/p$，所以 p 的矩估计为

$$\hat{p} = 1/\overline{X}$$

（2）似然函数为

$$L(x_1, x_2, \cdots x_n; p) = \prod_{i=1}^{n} \left[p(1-p)^{x_i - 1} \right] = (1-p)^{\sum\limits_{i=1}^{n} x_i - n} p^n$$

取对数

$$\ln L = \left(\sum_{i=1}^{n} x_i - n \right) \ln(1-p) + n\ln p$$

求导，令

$$\frac{\mathrm{d}\ln L}{\mathrm{d}p} = \frac{-\left(\sum\limits_{i=1}^{n} x_i - n\right)}{1-p} + \frac{n}{p} = 0$$

解得,p 的极大似然估计为 $\hat{p} = 1/\bar{X}$。 【解毕】

【例 6.2】 设 $\hat{\theta}$ 是参数 θ 的无偏估计,且有 $D(\hat{\theta}) > 0$,试证明 $\hat{\theta}^2$ 不是 θ^2 的无偏估计。

【思路】 证明无偏性,可直接按定义:$E(\hat{\theta}) = \theta$ 进行证明。

【证明】 由 $D(\hat{\theta}) = E(\hat{\theta}^2) - (E\hat{\theta})^2$,及 $E(\hat{\theta}) = \theta$(由题意),

而 $D(\hat{\theta}) > 0$,可以得出

$$E(\hat{\theta}^2) = D(\hat{\theta}) + E(\hat{\theta})^2 = \theta^2 + D(\hat{\theta}) \neq \theta^2$$

因此,$\hat{\theta}^2$ 不是 θ^2 的无偏估计。 【证毕】

【例 6.3】 某厂生产的钢丝,其抗拉强度 $X \sim N(\mu, \sigma^2)$,其中 μ、σ^2 均未知,从中任取 9 根钢丝,测得其强度(单位:kg)为:

$$578, 582, 574.568, 596, 572, 570, 584, 578$$

求总体方差 σ^2、均方差 σ 的置信度为 0.99 的置信区间。

【思路】 由于参数 μ、σ^2 均未知,故取统计量 $\frac{(n-1)S^2}{\sigma^2} \sim \chi^2(n-1)$,从而得 σ^2、σ 置信度为 $1-\alpha$ 的置信区间分别为

$$\left(\frac{(n-1)S^2}{\chi^2_{\frac{\alpha}{2}}(n-1)}, \frac{(n-1)S^2}{\chi^2_{1-\frac{\alpha}{2}}(n-1)}\right) 、 \left(\sqrt{\frac{(n-1)S^2}{\chi^2_{\frac{\alpha}{2}}(n-1)}}, \sqrt{\frac{(n-1)S^2}{\chi^2_{1-\frac{\alpha}{2}}(n-1)}}\right)$$

【解】 $\bar{x} = \frac{1}{9}\sum\limits_{i=1}^{9} x_i = 578, S^2 = \frac{1}{8}\sum\limits_{i=1}^{9}(x_i - \bar{x})^2 = \frac{1}{8} \times 592 = 74, \alpha = 0.01, \chi^2_{\frac{\alpha}{2}}(n-1) = \chi^2_{0.005}(8)$
$= 21.955, \chi^2_{1-\frac{\alpha}{2}}(n-1) = \chi^2_{0.995}(8) = 1.344$,所以方差 σ^2 的置信度为 0.99 的置信区间为:
$\left(\frac{592}{21.955}, \frac{592}{1.344}\right)$,即 $(26.96, 440.48)$;

均方差 σ 的置信度为 0.99 的置信区间为:$\left(\sqrt{\frac{592}{21.955}}, \sqrt{\frac{592}{1.344}}\right)$,即 $(5.19, 20.99)$。 【解毕】

【例 6.4】 设有两个正态总体,$X \sim N(\mu_1, \sigma_1^2)$、$Y \sim N(\mu_2, \sigma_2^2)$,分别从 X 和 Y 抽取容量为 $n_1 = 25$ 和 $n_2 = 8$ 的两个样本,并求得 $S_1 = 8, S_2 = 7$。试求两正态总体方差比 $\frac{\sigma_1^2}{\sigma_2^2}$ 的置信度为 0.98 的置信区间。

【思路】 由于 μ_1、μ_2 均未知,故取统计量 $\frac{S_1^2/\sigma_1^2}{S_2^2/\sigma_2^2} \sim F(n_1-1, n_2-1)$,$\frac{\sigma_1^2}{\sigma_2^2}$ 的置信度为 $1-\alpha$ 的置信区间为 $\left(\frac{S_1^2}{S_2^2 \cdot F_{\frac{\alpha}{2}}(n_1-1, n_2-1)}, \frac{S_1^2}{S_2^2 \cdot F_{1-\frac{\alpha}{2}}(n_1-1, n_2-1)}\right)$。

【解】 由 $\alpha = 0.02$,查表得:$F_{0.01}(24.7) = 6.07, F_{0.99}(24.7) = \frac{1}{F_{0.01}(7.24)} = 0.2857$,所

以，$\dfrac{\sigma_1^2}{\sigma_2^2}$ 的置信度为 0.98 的置信区间为 $(0.2152,4.5714)$。 【解毕】

6.5 基础练习题

一、判断题（在每题后的括号中对的打"√"错的打"×"）

1. 设 X_1、X_2、X_3 是来自总体 X 的样本，且 $EX=a$，则 $\dfrac{1}{4}X_1+\dfrac{3}{4}X_2+\dfrac{1}{4}X_3$ 是 EX 的无偏估计量。 （　　）

2. 设 X 服从参数为 λ 的泊松分布，λ 未知，$X_1,\cdots,X_n$ 是来自总体 X 的一个样本，则 $\overline{X}$ 和 S^2 都是 λ 的矩估计量。 （　　）

二、单选题（题中 4 个选项只有 1 个是正确的，把正确选项的代号填在括号内）

1. 设总体 $X \sim N(\mu,\sigma^2)$，其中 μ,σ^2 为未知参数，$X_1,X_2,\cdots,X_n$ 是来自 X 的一个样本，则可作为 σ^2 的无偏估计的是（　　）。

  A. $\dfrac{1}{n-1}\sum\limits_{i=1}^{n}(X_i-\mu)^2$ B. $\dfrac{1}{n}\sum\limits_{i=1}^{n}(X_i-\mu)^2$

  C. $\dfrac{1}{n-1}\sum\limits_{i=1}^{n}(X_i-\overline{X})^2$ D. $\dfrac{1}{n}\sum\limits_{i=1}^{n}(X_i-\overline{X})^2$

2. 设 $\hat{\theta}_1$、$\hat{\theta}_2$ 为某分布中参数 θ 的两个相互独立的无偏估计，则以下估计量中最有效的是（　　）。

  A. $\hat{\theta}_1-\hat{\theta}_2$ B. $\hat{\theta}_1+\hat{\theta}_2$ C. $\dfrac{1}{3}\hat{\theta}_1+\dfrac{2}{3}\hat{\theta}_2$ D. $\dfrac{1}{2}\hat{\theta}_1+\dfrac{1}{2}\hat{\theta}_2$

3. 设 $X \sim U[0,3\theta]$，$\theta>0$ 未知，$X_1,X_2,\cdots,X_n$ 为来自 X 的样本，且 $\overline{X}=\dfrac{1}{n}\sum\limits_{i=1}^{n}X_i$，则 θ 的矩估计量为（　　）。

  A. $\overline{X}$ B. $\dfrac{2}{3}\overline{X}$ C. $\dfrac{1}{3}\overline{X}$ D. $\dfrac{3}{2}\overline{X}$

4. 设 X_1、X_2、X_3、X_4 为参数为 θ 的指数分布总体 X 的样本，设 θ 的估计量 $T_1=(X_1+X_2)/6+(X_3+X_4)/3$，$T_2=\dfrac{X_1+X_2+X_3+X_4}{4}$，$T_3=(X_1+2X_2+3X_3+4X_4)/5$，则其中为 θ 的无偏估计量的为（　　）。

  A. T_1,T_2 B. T_1,T_3 C. T_2,T_3 D. T_1,T_2,T_3

5. 设 $X_1,X_2,\cdots,X_n$ 是取自总体 $N(0,\sigma^2)$ 的样本，则可以作为 σ^2 的无偏估计量是（　　）。

  A. $\dfrac{1}{n}\sum\limits_{i=1}^{n}X_i^2$ B. $\dfrac{1}{n-1}\sum\limits_{i=1}^{n}X_i^2$ C. $\dfrac{1}{n}\sum\limits_{i=1}^{n}X_i$ D. $\dfrac{1}{n-1}\sum\limits_{i=1}^{n}X_i$

6. 设总体 $X \sim N(\mu,\sigma^2)$，σ^2 未知，设总体均值 μ 的置信度 $1-\alpha$ 的置信区间长度 l，那么 l 与 a 的关系为（　　）。

  A. a 增大，l 减小   B. a 增大，l 增大

C. a 增大, l 不变   D. a 与 l 关系不确定

7. 设总体 $X \sim N(\mu, \sigma^2)$,且 σ^2 已知,现在以置信度 $1 \sim \alpha$ 估计总体均值 μ,下列做法中一定能使估计更精确的是( )。

A. 提高置信度 $1 - \alpha$,增加样本容量   B. 提高置信度 $1 - \alpha$,减少样本容量

C. 降低置信度 $1 - \alpha$,增加样本容量   D. 降低置信度 $1 - \alpha$,减少样本容量

三、填空题

1. 设 $X \sim U[0, 3\theta]$ ($\theta > 0$,未知), $X_1, X_2, \cdots, X_n$ 是来自 X 的一个样本,且 $\overline{X} = \frac{1}{n} \sum_{i=1}^{n} X_i$ 则参数 θ 的矩估计量为_____。

2. 若 $\hat{\lambda} = \frac{1}{3} \overline{X} + \alpha S^2$ 为泊松总体 $\pi(\lambda)$ 中 $\lambda > 0$ 的无偏估计,则 $\alpha = $_____ $\Big($其中 $\overline{X} = \frac{1}{n}$ $\sum_{i=1}^{n} X_i, S^2 = \frac{1}{n-1} \sum_{i=1}^{n} (X_i - \overline{X})^2, X_1, X_2, \cdots, X_n$ 为 X 的样本$\Big)$。

3. 若总体 X 服从参数为 θ 的指数分布, $X_1, X_2, \cdots, X_n$ 为 X 的样本,则 θ 的矩估计量 $\hat{\theta} = $ _____。

4. 设 X_1、X_2、X_3 是取自总体 X 的一个样本,则下面三个均值估计量 $\hat{\mu}_1 = \frac{1}{5} X_1 + \frac{3}{10} X_2 + \frac{1}{2} X_3, \hat{u}_2 = \frac{1}{3} X_1 + \frac{1}{4} X_2 + \frac{5 X_3}{12} = \frac{1}{3} X_1 + \frac{3}{4} X_2 - \frac{1}{12} X_3$ 都是总体均值的无偏估计,则 _____ 最有效。

5. 设总体 X 服从二项分布 $b(n, p)$, $0 < p < 1, X_1, X_2, \cdots, X_n$ 是其一个样本,那么矩估计量 $\hat{p} = $ _____。

6. 设总体 $X \sim b(1, p)$,其中未知参数 $0 < p < 1, X_1, X_2, \cdots, X_n$ 是 X 的样本,则 p 的矩估计为 _____,样本的似然函数为 _____。

7. 设 $X_1, X_2, \cdots, X_n$ 是来自总体 $X \sim N(\mu, \sigma^2)$ 的样本,则有关于 μ 及 σ^2 的似然函数 $L(X_1, X_2 \cdots, X_n; \mu, \sigma^2) = $ _____。

四、计算题

1. 设 $X_1, X_2, \cdots, X_n$ 为总体 X 的一个样本, X 的概率密度为 $f(x) = \begin{cases} \theta \cdot 3^\theta x^{-(\theta+1)}, & x > 3 \\ 0, & \text{其他} \end{cases}$, 其中 $\theta > 1$,是未知参数,求 θ 的矩估计量和最大似然估计量。

2. 设总体 X 的分布律为 $\begin{pmatrix} 1 & 2 & 3 \\ \theta & \theta/2 & 1-3\theta/2 \end{pmatrix}$,其中 $\theta>0$ 未知,现得到样本观测值 $2,3,2,1,3$,求 θ 的矩估计与最大似然估计。

3. 设 $X_1,X_2,\cdots,X_n$ 为总体 X 的一个样本,X 的概率密度为 $f(x)=\begin{cases} \sqrt{\theta}x^{\sqrt{\theta}-1}, & 0\leqslant x\leqslant 1 \\ 0, & 其他 \end{cases}$,$\theta>0$ 为未知参数,求 θ 的矩估计和最大似然估计。

4. 设总体 X 具有分布密度 $f(x;\alpha)=(\alpha+1)x^{\alpha}$,$0<x<1$,其中 $\alpha>-1$ 是未知参数,$X_1,X_2,\cdots,X_n$ 为一个样本,试求参数 α 的矩估计和极大似然估计。

5. 设总体 X 服从泊松分布 $P(\lambda)$,$X_1,X_2,\cdots,X_n$ 为取自 X 的一组简单随机样本,试求:
(1)未知参数 λ 的矩估计;
(2)求 λ 的极大似然估计。

6. 设 $X_1,X_2,\cdots,X_n$ 为从一总体中抽出的一组样本,总体均值 μ 已知,用 $\dfrac{1}{n-1}\sum\limits_{i=1}^{n}(X_i-\mu)^2$ 去估计总体方差 σ^2,它是否是 σ^2 的无偏估计量,应如何修改,才能成为无偏估计量。

7. 某车间生产自行车中所用小钢球,从长期生产实践中得知钢球直径 $X\sim N(\mu,\sigma^2)$,现从某批产品里随机抽取 6 件,测得它们的直径(单位:mm)为:$14.6,15.1,14.9,14.8,15.2,15.1$,置信度 $1-\alpha=0.95$(即 $\alpha=0.05$)。
(1)若 $\sigma^2=0.06$,求 μ 的置信区间;
(2)若 σ^2 未知,求 μ 的置信区间;

（3）求方差 σ^2，均方差 σ 的置信区间。

8. 设某种灯泡的寿命 X 服从正态分布 $N(\mu,\sigma^2)$，μ、σ^2 未知，现从中任取 5 个灯泡进行寿命测 试（单位：1000 小时），得：10.5，11.0，11.2，12.5，12.8，求方差及均方差的 90% 的置信区间。

6.6 提高练习题

一、填空题

1. 设 $x_1,x_2,\cdots,x_{16}$ 是来自总体 $N(\mu,0.8)^2$ 的样本值，且样本均值 $\overline{x}=9.5$，则 μ 的置信度为 0.95 的置信区间为 _____ 。（已知 $Z_{0.025}=1.96$）

2. 设 $X_1,\cdots,X_n$ 为来自总体 $N(\mu,\sigma^2)$ 的一个样本，$c\sum\limits_{i=1}^{n-1}(X_{i+1}-X_i)^2$ 为 σ^2 的无偏估计，则 常数 $c=$ _____ 。

二、计算题

1. 设 $X\sim N(\mu,\sigma^2)$，其中 μ 与 σ^2 未知，证明：样本方差 $S^2=\dfrac{1}{n-1}\sum\limits_{n-1}^{n}(X_i-\overline{X})^2$ 是 σ^2 的无偏估计量。

2. 设总体 X 的概率密度为 $f(x)=\begin{cases}\dfrac{1}{\theta}e^{-\frac{x}{\theta}},&x>0\\0,&x\leqslant 0\end{cases}$，$X_1,X_2,\cdots,X_n$ 是来自 X 的样本，求：

（1）θ 的最大似然估计量 $\hat{\theta}$；（2）判断 $\hat{\theta}$ 是否为 θ 的无偏估计。

3. 设总体 X 服从 $N(\mu, \sigma^2)$，σ^2 已知，μ 未知。$X_1, \cdots, X_n$ 是 X 的一个样本，求 μ 的最大似然估计量，并证明它为 μ 的无偏估计。

4. 从总体 $X \sim N(\mu, \sigma^2)$ 中抽取容量为 25 的一个样本，样本均值和样本方差分别是：$\overline{X} = 80$，$S^2 = 9$，（$t_{0.025}(24) = 2.0639$，$x_{0.975}^2(24) = 12.4$，$x_{0.025}^2(24) = 39.36$）。求：$(1)\mu$ 的置信度为 0.95 的置信区间；$(2)\sigma^2$ 的置信度为 0.95 的置信区间。

5. 设 $X_1, X_2, \cdots, X_n(n > 2)$ 为来自总体 $N(0, \sigma^2)$ 的简单随机样本，其样本均值为 $\overline{X}$，记 $Y_i = X_i - \overline{X}$，$i = 1, 2, \cdots, n$，

求：$(1)Y_i$ 的方差 DY_i，$i = 1, 2, \cdots, n$；

$(2)Y_1$ 与 Y_n 的协方差 $\mathrm{cov}(Y_1, Y_n)$；

(3) 若 $c(Y_1 + Y_n)^2$ 是 σ^2 的无偏估计量，求常数 c。

第7章 假 设 检 验

7.1 教学基本要求

(1)理解"假设"的概念和基本类型；

(2)理解显著性检验的基本思想；

(3)掌握假设检验的基本步骤；

(4)会构造简单假设的显著性检验；

(5)理解假设检验可能产生的两类错误；

(6)了解单个和两个正态总体均值、方差的假设检验。

7.2 主要内容

7.2.1 主要内容结构图

主要内容结构如图7.1所示。

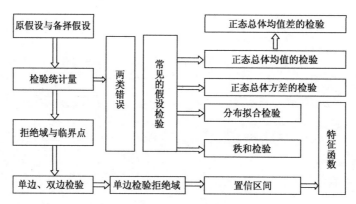

图7.1 主要内容结构图

7.2.2 知识点概述

1)假设检验的基本概念

假设检验、两类错误、假设检验的基本步骤。

2)单个正态总体的假设检验

(1)关于均值 μ 的检验

均值 μ 的检验见表7.1。

均 值 μ 的 检 验 表7.1

	H_0	H_1	统 计 量	拒 绝 域
μ 检验法(σ^2 已知)	$\mu = \mu_0$ $\mu \leq \mu_0$ $\mu \geq \mu_0$	$\mu \neq \mu_0$ $\mu > \mu_0$ $\mu < \mu_0$	$U = \dfrac{\overline{X} - \mu_0}{\sigma/\sqrt{n}} \sim N(0,1)$	$\lvert U \rvert > z_{\alpha/2}$ $U > z_\alpha$ $U < -z_\alpha$
t 检验法(σ^2 未知)	$\mu = \mu_0$ $\mu \leq \mu_0$ $\mu \geq \mu_0$	$\mu \neq \mu_0$ $\mu > \mu_0$ $\mu < \mu_0$	$T = \dfrac{\overline{X} - \mu_0}{S_n/\sqrt{n}} \sim t(n-1)$	$\lvert T \rvert > t_{\alpha/2}(n-1)$ $T > t_\alpha(n-1)$ $T < -t_\alpha(n-1)$

(2)关于方差 σ^2 的检验

方差 σ^2 的检验见表7.2。

方 差 σ² 的 检 验 表7.2

	H_0	H_1	统 计 量	拒 绝 域
χ^2 检验法(μ 已知)	$\sigma^2 = \sigma_0^2$ $\sigma^2 \leq \sigma_0^2$ $\sigma^2 \geq \sigma_0^2$	$\sigma^2 \neq \sigma_0^2$ $\sigma^2 > \sigma_0^2$ $\sigma^2 < \sigma_0^2$	$k^2 = \dfrac{\sum\limits_{i=1}^{n}(X_i - \mu)^2}{\sigma_0^2} \sim \chi^2(n)$	$k^2 > x_{\alpha/2}^2(n)$ 或 $k^2 < x_{1-\alpha/2}^2(n)$ $k^2 > x_\alpha^2(n)$ $k^2 < x_{1-\alpha}^2(n)$
χ^2 检验法(μ 未知)	$\sigma^2 = \sigma_0^2$ $\sigma^2 \leq \sigma_0^2$ $\sigma^2 \geq \sigma_0^2$	$\sigma^2 \neq \sigma_0^2$ $\sigma^2 > \sigma_0^2$ $\sigma^2 < \sigma_0^2$	$k^2 = \dfrac{(n-1)S_n^2}{\sigma^2} \sim \chi^2(n-1)$	$k^2 > x_{\alpha/2}^2(n-1)$ 或 $k^2 < x_{1-\alpha/2}^2(n-1)$ $k^2 > x_\alpha^2(n-1)$ $k^2 < x_{1-\alpha}^2(n-1)$

7.3 疑难分析

1.什么是显著性检验?其基本思想是什么?有什么缺陷?

【答】 显著性检验是指只考虑一个假设是否成立的检验. 其原则是,只要求犯第一类错误的概率不大于设定的 $\alpha(0 < \alpha < 1)$。

基本思想是:根据小概率事件在一次试验中一般不应该发生的实际推断原理来检验假设是否成立。

缺陷是:由于只有一个假设,不能评判显著性检验方法本身的好坏,因而对同一假设的众多显著性检验法难以评定优劣。

2.对于实际问题的择一检验中,原假设与备择假设地位是否相等?应如何选择原假设与备择假设?

【答】 假设检验是控制犯第一类错误的概率,所以检验发本身对原假设起保护的作用,决不轻易拒绝原假设,因此原假设与备择假设的地位是不相等的,正因为如此,常把那些保守的、历史的、经验的取为原假设,而把那些猜测的、可能的、预期的取为备择假设。

3. 参数的假设检验与区间估计之间有什么关系?

【答】 常见的区间估计与相应的参数的假设检验有着密切联系,一般某个参数的置信区间可以确定关于此参数的假设检验的接受域。

如 $X \sim N(\mu, \sigma^2)$, σ^2 已知, $X_1, X_2, \cdots, X_n$ 为一个样本。

对于给定置信度 $1 - \alpha, \mu$ 的置信区间为 $\left(\overline{X} - Z_{\frac{\alpha}{2}} \cdot \frac{\sigma}{\sqrt{n}}, \overline{X} + Z_{\frac{\alpha}{2}} \cdot \frac{\sigma}{\sqrt{n}} \right)$,而 μ 的显著性水平为 α 的拒绝域为(假设 $H_0: \mu = \mu_0$)为 $(\overline{X} - \mu_0) \sqrt{n} / \sigma < Z_{\frac{\alpha}{2}}$。从以上结果可以看出,置信度 $1 - \alpha$ 的 μ 的置信区间与关于 μ 的假设的显著性水平为 α 的接受域是相呼应的,由它们中的一个可以确定另一个。

7.4 典型例题分析

【例7.1】 根据长期资料分析,钢筋强度服从正态分布. 今测得 6 台炉钢生产出钢的强度分别为:48.5,49.0,53.5,49.5,56.0,52.5;能否认为其强度的均值为 52.0($\alpha = 0.05$)?

【思路】 问题为在 σ^2 未知的条件下,检验 $\mu = 52.0$。

【解】 检验假设 $H_0: \mu = 52.0$,取统计量

$$T = \frac{\overline{X} - \mu_0}{S / \sqrt{n}} \sim t(6 - 1)$$

当 $\alpha = 0.05$,自由度 $n - 1 = 5$,查 t 分布表得临界值 $t_{0.025} = 2.57$。

由题意得统计量 T 的观察值 $t = -0.41$,由于

$$|t| = 0.41 < 2.57 = t_{0.025}$$

所以接受假设 H_0,即认为钢筋的强度的均值为 52.0。

【例7.2】 两台机床加工同一种零件,分别取 6 个和 9 个零件测量其长度,计算得 $S_1^2 = 0.345, S_2^2 = 0.357$,假设零件长度服从正态分布,问:是否认为两台机床加工的零件长度的方差无显著差异($\alpha = 0.05$)?

【思路】 问题为在 μ_1, μ_2 未知的条件下,检验 $\sigma_1^2 = \sigma_2^2$。

【解】 检验假设 $H_0: \sigma_1^2 = \sigma_2^2$,选择统计量 $F = \frac{S_1^2}{S_2^2} \sim F(n_1 - 1, n_2 - 1)$,因为 $F_0 = \frac{0.345}{0.357} = 0.9664$,而 $F_{0.975}(5, 8) = 1 / F_{0.025}(8, 5) = 0.1479$, $F_{0.05}(5, 8) = 4.82$,所以有 $F_{0.975}(5, 8) < F_0 < F_{0.05}(5, 8)$,故接受 H_0,即认为两台机床加工的零件长度的方差无显著差异。 【解毕】

7.5 基础练习题

一、判断题(在每题后的括号中对的打"√"错的打"×")

1. 假设检验是用小概率事件实际不可能原理作理论依据的。 ( )

2. 对单个正态总体,在方差未知的条件下对均值进行假设检验用 Z 检验法。 ( )

二、单选题(题中 4 个选项只有 1 个是正确的,把正确选项的代号填在括号内)

1. 在假设检验中,原假设 H_0,备择假设 H_1,则称(　　)为犯第二类错误。

　A. H_0 为真,接受 H_0

　B. H_0 不真,接受 H_0

　C. H_0 为真,拒绝 H_0

　D. H_0 不真,拒绝 H_0

2. 对正态总体的数学期望 μ 进行假设检验,如果在显著性水平 0.05 下接受 $H_0:\mu=\mu_0$,那么在显著性水平 0.01 下,下列理论正确的是(　　)。

　A. 必接受 H_0

　B. 必拒绝 H_0

　C. 可能接受,也可能拒绝 H_0

　D. 不接受,也不拒绝 H_0

三、计算题

1. 已知某炼铁厂的铁水含碳量在正常情况下服从正态分布 $N(4.55,0.108^2)$。现在测了 5 台炉铁水,其含碳量(%)分别为:4.28　　4.40　　4.42　　4.35　　4.37。

　问:若标准差不改变,总体平均值有无显著性变化($\alpha=0.05$)?

2. 某种矿砂的 5 个样品中的含镍量(%)经测定为:3.24　　3.26　　3.24　　3.27　3.25。

　问:设含镍量服从正态分布,在 $\alpha=0.01$ 下能否接受假设?（这批矿砂的含镍量为 3.25）

3. 在正常状态下,某种牌子的香烟一支平均 1.1g,若从这种香烟堆中任取 36 支作为样本;测得样本均值为 1.008(g),样本方差 $s^2=0.1(g^2)$。问:这堆香烟是否处于正常状态。已知香烟(支)的重量(g)近似服从正态分布(取 $\alpha=0.05$)。

7.6　提高练习题

1. 某公司称由他们生产的某种型号的电池其平均寿命为 21.5 小时,标准差为 2.9 小时。在试验室测试了该公司生产的 6 只电池,得到它们的寿命(以小时计)分别为 19,18,20,22,16,25,问这些结果是否表明这种电池的平均寿命比该公司宣称的平均寿命短?设电池寿命近似地服从正态分布(取 $\alpha = 0.05$)。

2.测量某种溶液中的水分,从它的 10 个测定值得出 $\bar{x} = 0.452(\%)$, $s = 0.037(\%)$。设测定值总体为正态, μ 为总体均值, σ 为总体标准差,试在水平 $\alpha = 0.05$ 下检验:

(1) $H_0: \mu = 0.5(\%)$; $H_1: \mu < 0.5(\%)$;

(2) $H_0': \sigma = 0.04(\%)$; $H_1': \sigma < 0.04(\%)$。

3.某种导线的电阻服从正态分布 $N(\mu, 0.0052)$,今从新生产的一批导线中抽取 9 根,测其电阻,得 $s = 0.008\Omega$。问对于 $\alpha = 0.05$,能否认为这批导线电阻的标准差仍为 0.005 ?

第8章 概率史简介

在本科阶段,概率论与数理统计是许多专业的一门重要基础课程。当今许多重要学科,如信息论、可靠性理论和人工智能都以它为基础。概率统计的方法与其他学科相结合已经发展处许多边缘学科,如数理经济、生物统计等。在日常生活中也经常用到它。而由于篇幅和时间的关系,对学科中一些重要的成果的思想源头,对其如何从起初比较粗糙的形态发展成现今比较完善的形式,其中所涉及的人、事、著作及其对本学科发展史上的作用和影响讲的不多。本指导书旨在通过扩展诸如此类的相关背景知识,从而提高同学们对该课程的兴趣,而且这些知识应该是学生知识结构中应该有的一部分。由于历史资料众多,因此本指导书只摘选历史上的重大事件进行介绍,采用文献也是名家所著。

在徐传胜所著的《从博弈问题到方法论学科》中,主要探索了概率论的早期发展。此书是国内首部全面讨论概率论发展与先进数学技术的学术专著,较全面、翔实地概述了概率论的发展历史。相比其他资料,该书中更详细介绍了概率论的早期萌芽到公理化的建立。全书勾勒出概率论兴起、发展和壮大的清晰脉络,并从概率论教学角度诠释了概率思想。而由陈希孺大师所著的经典书籍《数理统计学简史》则概述了数理统计学发展的历史,对于本科生来说,此书可作为基础课程的一种补充读物。在王丽霞的《概率论与随机过程》一书中,分板块地介绍了概率论和随机过程从最基本知识到以客观背景为依托、以实际应用为背景,以历史线索和逻辑关系为纽带的有机而立体的知识体系。特别是每章单独编写的历史注记,它系统梳理总结了相关思想方法产生、发展的线索以及重要历史人物的重要贡献,在严密构建理论体系的基础上,突出其时空演进线索及各部分的联系。由于本科阶段的概率论与数理统计部分对随机过程不是很强调,而是在专门的学科,如信息论中会进一步介绍。因此本指导书会稍稍介绍一点,作为对课本知识的补充。而在王丽霞的另一本书中《概率论与数理统计——理论、历史及应用》中,则着重选取了数理统计部分参考。对于数理统计历史上颇有成就的几位名人进行了重点介绍,如皮尔逊、费歇尔。另外还附加了一个20世纪末引领各界讨论热潮的问题——蒙蒂霍尔问题作为兴趣小知识进行补充。这能使读者感受到概率论和数理统计在生活中的实际应用,从而对其更感兴趣。

在本指导书对概率论和数理统计的历史进行了大致划分,每个时期都有比较明显的领军人物。是他们一步步将其由萌芽阶段带入了公理化进程,到学科的正式确立和蓬勃发展。而在概率论发展早期,尤其是分析概率时期,拉普拉斯可以算是该阶段的领军人物。因此对拉普拉斯的研究显得尤为重要。本指导书参考了王幼军所著的《拉普拉斯概率理论的历史研究》。在该文中通过对国内外大量概率论历史的研究资料进行分析结合对拉普拉斯的原始文献的研究对拉普拉斯的概率理论,展开系统研究并以此为背景探讨我国概率论方面的最早的译著决疑数学的一些历史问题。这里主要对拉普拉斯以前的概率论的发展状况做一简单的回顾,梳理出早期概率论发展的清晰的线索以及探讨影响概率论发展的几种重要的因素,特别侧重于那些对拉普拉斯本人的工作有着重大影响的人和事件。

对于一门学科,最重要的是对其公理化。因此为了加强这方面的知识,本指导书还参考了专门研究该方面的论文《概率论公理化源头初探》。对于当时的数学家们在面临未公理化的概率论所带来的一系列问题是如何思考并解决的有所了解,才能更好地对概率论知识加以运用。

随后对于整个概率论与数理统计历史的整理,还参考了徐传胜的《概率论简史》。其中对于几个重要的历史人物及其贡献做了大致的介绍,例如帕斯卡、费马、伯努利、棣莫弗等。

本指导书希望通过对上述资料的整理及编排,能融合数学知识和数学文化素养,使本科阶段学生能够感受概率论与数理统计的亲切、生动和富有魅力,并将单纯的课程学习转化为对数学思想和数学方法的领悟,愉快地构建起一个以逻辑结构和发展线索为经络,各部分内容有机联系的动态而立体化的知识体系,同时逐步提高运用数学知识解决各种问题的能力。

图8.1是根据时间为线索绘制的概率论与数理统计大事记树图。

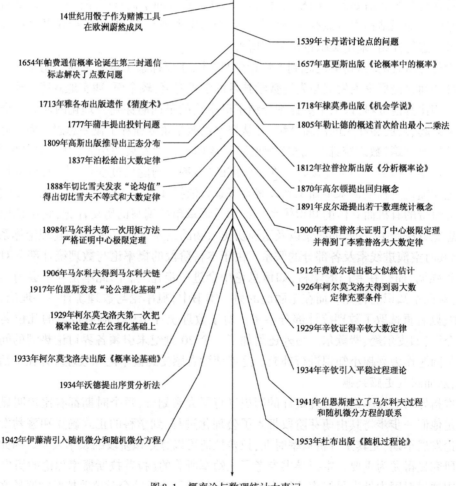

图8.1　概率论与数理统计大事记

8.1 概率论与数理统计的早期发展

8.1.1 萌芽阶段

1) 点数问题

15 世纪末 16 世纪初,文艺复兴的意大利各个领域进入繁荣时期,随之而来的是赌博业的盛行、保险业的兴起和彩票发行的日趋普遍等。这些游戏和行业的客观需要导致了概率论的早期探索。

数学家卡丹诺(Cardano)首先觉察到赌博中的偶然现象,赌博输赢虽然是偶然的,但较大的赌博次数会呈现一定的规律性。卡丹诺为此还写了一本《论赌博》的书。书中计算了掷两颗骰子或三颗骰子时,在一切可能的方法中有多少方法得到某一点数。该书是现存有关概率论的第一部著作。而近代科学创始人之一——伽利略利用枚举法解决了同时投掷三个骰子点数和为 10 与 9 均有 6 中情况,但是 10 比 9 出现的多的问题,并发表了概率论史上第二篇论文——"有关骰子点数的一个发现"。

2) 分赌本问题

骰子的情况决定了能够拿走多少赌金,因此随之而来的便是两人赌博的分赌本问题。其

图 8.2 帕斯卡

中最著名的便是布莱士·帕斯卡(图 8.2)(Blaise Pascal,1623 年 6 月 19 日—1662 年 8 月 19 日)与皮埃尔·德·费马(Pierre de Fermat,1601 年 8 月 17 日—1665 年 1 月 12 日)的七封信。

公元 1651 年夏天,当时盛誉欧洲号称"神童"的数学家帕斯卡,在旅途中偶然遇到了赌徒德·美尔(De Mere),他对帕斯卡大谈"赌经",以消磨旅途时光。德·美尔还向巴斯卡请教一个亲身所遇的"分赌本"问题。

问题是这样的:一次德·美尔和赌友掷骰子,各押赌注 32 个金币,德·美尔若先掷出三次"6 点",或赌友先掷出三次"4 点",就算赢了对方。赌博进行了一段时间,德·美尔已掷出了两次"6 点",赌友也掷出了一次"4 点"。这时,德·美尔奉命要立即去晋见国王,赌博只好中断。那么两人应该怎么分这 64 个金币的赌金呢?

赌友说,德·美尔要再掷一次"6 点"才算赢,而他自己若能掷出两次"4 点"也就赢了。这样,自己所得应该是德·美尔的一半,即得 64 个金币的三分之一,而德·美尔得三分之二。德·美尔争辩说,即使下一次赌友掷出了"4 点",两人也是秋色平分,各自收回 32 个金币,何况那一次自己还有一半的可能得 16 个金币呢?所以他主张自己应得全部赌金的四分之三,赌友只能得四分之一。

公说公有理,婆说婆有理。德·美尔的问题居然把帕斯卡给难住了。他为此苦苦想了 3 年,终于在 1654 年悟出了一点儿道理。于是他把自己的想法写信告诉他的好友,当时号称数坛"怪杰"的费马,两人对此展开热烈的讨论。他们频频通信,互相交流,围绕着赌博中的数学问题开始了深入细致的研究。这些问题后来被来到巴黎的荷兰科学家惠更斯获悉,回荷兰后,

他独立地进行研究。帕斯卡和费尔马一边亲自做赌博实验,一边仔细分析计算赌博中出现的各种问题,终于完整地解决了"分赌本问题",并将此题的解法向更一般的情况推广,从而建立了概率论的一个基本概念——"值",这是描述随机变量取值的平均水平的一个量。

这几封信全是讨论具体的赌博问题,与前人一样,他们用计算等可能有利于不利情况数作为计算概率的方法(当时还没有概率这个概念)。与前人相比,他们的方法更具科学性。他们广泛使用组合工具和递推公式,初等概率的一些基本规律也都用上了。同时引进了赌博的值(value)的概念(值等于赌注乘以获胜概率)。三年后,克里斯蒂安·惠更斯(图 8.3)(Christian Huygens,1629 年 4 月 14 日—1695 年 7 月 8 日)改"值"为"期望"(expectation)。这就是概率论最重要的概念之一——数学期望的形成过程。而帕斯卡和费马对分赌本的问题的研究,为概率空间的抽象奠定了基础,尽管这种总结直至 1933 年才由 A. N. 柯尔莫戈洛夫做出。从纯数学观点看,自从引入了随机变量和数学期望,有限概率空间变得明朗化。这是帕斯卡和费马对概率论的建立最重要的贡献。当然,在研究过程中,他们还有许多其他出色的表现。在某种程度上可以说,两人的研究接近了近代概率论领域的水平。因此概率史界认为,帕斯卡和费马该次通信标志着概率论的诞生。

图 8.3　惠更斯

3)摆脱赌博——惠更斯与《论赌博中的计算》

惠更斯在第一次访问巴黎时,得知了关于点数问题的讨论,因此在回国后便着手研究。他深刻认识到点数问题的重要性,因此在其著作中有 6 个问题涉及该问题。

他的概率理论比较完善,他以机会问题为研究对象,以数学期望作为基本概念和基本工具,总结了前人的代数和组合方法,把具体赌博问题的分析提升到较一般化的高度,把赌博的理性讨论推向了新的境地,逐步严格建立概念和运算法则,从而使这类研究从对博弈游戏的分

图 8.4　雅各布·伯努利

析发展上升为新的数学学科。惠更斯经过多年的潜心研究,于 1657年将自己的研究成果写成了专著《论掷骰子游戏中的计算》。这本书迄今为止被认为是概率论中最早的论著。虽然惠更斯也讨论的是赌博问题,但他只是将其作为理论模型,而不是论文的全部意义。因此可以说早期概率论的真正创立者是帕斯卡、费尔马和惠更斯。这一时期被称为组合概率时期,主要是计算各种古典概率。

惠更斯的《论赌博中的计算》作为概率论的标准教材该书在欧洲多次再版,直至 1713 年雅各布·伯努利(图 8.4)(Jacob Bernoulli,1654—1705)的《猜度术》出版才遏制住该书的再版。然而其影响却在继续。

4)雅各布与《猜度术》

《猜度术》的第一卷就是该书的注释,并借此建立了第一个大数定律。由《猜度术》中的论述可知,雅各布研究概率论始于 17 世纪 80 年代。《猜度术》是其经过 20 年深思熟虑的成果。书中前三部分,可以说是对以往概率论知识的总结,是古典概型的系统化和深入化。

雅各布对掷 $n(n>2)$ 颗骰子所得点数和为 m 的问题给了一个较长的注释。针对这个问

题,他设计出一个表格,并得出其有利场合数为$(x + x^2 + x^3 + x^4 + x^5 + x^6)^n$展开式中$x^m$这一项的系数。这不仅是概率论中的一个妙解,而且开了母函数的先河。

在研究重复博弈的问题中,雅各布指出,每次重复所涉事件概率不变且相互独立。虽前人在著作中默认了这一点,但明确提出这是第一次。故今天称其为"伯努利概型"。他给出了乘法定理(独立情况下)的表述形式(沿用至今),并证明了如果在$a + b$次试验中,某人获胜的次数为a,失败的次数为b,则在m次试验中恰有r次获胜的概率为$\dfrac{C_n^{n-r} a^r b^{n-r}}{(a+b)^n}$。类似地,在$n$次试验中至少有$r$次获胜的概率为

$$\sum_{j=0}^{n-r} C_n^j a^{n-j} b^j / (a+b)^n$$

这样,雅各布就推广了帕斯卡所讨论的点数问题。

而雅各布的著作问世标志着概率概念漫长形成过程的终结,标志着概率论对特殊问题的求解发展为对一般理论的概括。1718 年,棣莫弗(Abraham De Moivre)的《机遇论》出版了。棣莫弗也是在惠更斯的基础上进行研究,并由二项分布的逼近得到了正态分布的密度函数表达式。这是先于公理化而发现的重要概率论理论。这在整个概率论与数理统计的发展史上很常见。

在惠更斯和雅各布两人的推动下,概率论摆脱了赌徒数学的气氛,正式以一门独立的数学分支蓬勃发展。其中值得一提的是英国数学家贝叶斯。他的著作《机遇理论中一个问题的解》给出了著名的贝叶斯公式,成了 20 世纪后半叶数理统计的两大学派之一——贝叶斯学派(亦称为后验统计学派)的奠基石。

5)古典概率所面临的问题

随后,1777 年蒲丰投针的发现使得几何概率得以迅速发展。这使得在此之后一段时间内,人们一度认为只要找到适当的等可能性的描述,就能给出概率问题的唯一解答。在当时,关于等可能性、古典概率、期望等基本概念,加法公式、乘法定理、条件概率和全概率公式等基本工具,排列组合、递推法、方程法等求概率的技巧,都已逐步建立。但在有关著作中并未以一般的形式给出,仅停留在解决某类具体的问题上,缺乏系统的整理和完整的理论体系。而同时,概率悖论的不断出现(内在本质其实就是古典概率论在基本概念中存在矛盾和不完善之处,它缺乏坚实的数学理论基础)使得概率论的基本术语的定义和公理化体系的建立迫在眉睫。

但由于概率论自身发展特点,在此之前又一重大发现诞生于世。不仅带来了概率论的重要分布,还使得数理统计正式以一门学科的身份登上历史舞台。

8.1.2　正态分布的发现和数理统计初始发展

1)高斯的发现

正态分布是最重要的一种概率分布。正态分布概念是由德国的数学家和天文学家棣莫弗于 1733 年首次提出的,但由于德国数学家高斯(图 8.5)(Gauss)率先将其应用于天文学家研究,故正态分布又叫高斯分布。高斯这项工作对后世的影响极大,他使正态分布同时有了"高斯分布"的名称,后世之所以多将最小二乘法的发明权归之于他,也是出于这一工作。高斯是

一个伟大的数学家,重要的贡献不胜枚举。但现今德国 10 马克的印有高斯头像的钞票,其上还印有正态分布的密度曲线。这传达了一种想法:在高斯的一切科学贡献中,其对人类文明影响最大者,就是这一项。在高斯刚做出这个发现之初,也许人们还只能从其理论的简化上来评价其优越性,其全部影响还不能充分看出来。

图 8.5　高斯

　　这要到 20 世纪正态小样本理论充分发展起来以后。拉普拉斯很快得知高斯的工作,并马上将其与他发现的中心极限定理联系起来,为此,他在即将发表的一篇文章(发表于 1810 年)上加上了一点补充,指出如若误差可看成许多量的叠加,根据他的中心极限定理,误差理应有高斯分布。这是历史上第一次提到所谓"元误差学说"——误差是由大量的、由种种原因产生的元误差叠加而成。后来到 1837 年,海根(G·Hagen)在一篇论文中正式提出了这个学说。

　　其实,他提出的形式有相当大的局限性:海根把误差设想成个数很多的、独立同分布的"元误差"之和,每只取两值,其概率都是 1/2,由此出发,按棣莫弗的中心极限定理,立即就得出误差(近似地)服从正态分布。拉普拉斯所指出的这一点有重大的意义,在于他给误差的正态理论一个更自然合理、更令人信服的解释。因为,高斯的说法有一点循环论证的气味,由算术平均是优良的,推出误差必须服从正态分布;反过来,由后一结论又推出算术平均及最小二乘估计的优良性,故必须认定这二者之一(算术平均的优良性及误差的正态性)为出发点。但算术平均到底并没有自行成立的理由,以它作为理论中一个预设的出发点,终觉有其不足之处。拉普拉斯的理论把这断裂的一环连接起来,使之成为一个和谐的整体,实在有着极为重大的意义。

　　2)正态分布的影响

　　高斯从描述天文观测的误差而引进正态分布,并使用最小二乘法作为估计方法,是近代数理统计学发展初期的重大事件。18～19 世纪初期的这些贡献,对社会发展有很大的影响。例如,用正态分布描述观测数据后来被广泛地用到生物学中,其应用是如此普遍,以至在 19 世纪相当长的时期内,包括高尔顿(Galton)在内的一些学者,认为这个分布可用于描述几乎是一切常见的数据。直到现在,有关正态分布的统计方法,仍占据着常用统计方法中很重要的一部分。最小二乘法方面的工作,在 20 世纪初以来,又经过了一些学者的发展,如今成了数理统计学中的主要方法。

　　3)高尔顿和生物统计学

　　从高斯到 20 世纪初这段时间,统计学理论发展不快,但仍有若干工作对后世产生了很大的影响。其中,如贝叶斯(Bayes)在 1763 年发表的《论有关机遇问题的求解》,提出了进行统计推断的方法论方面的一种见解,在这个时期中逐步发展成统计学中的贝叶斯学派(如今,这个学派的影响越来越大)。现在我们所理解的统计推断程序,最早的是贝叶斯方法,高斯和拉普拉斯应用贝叶斯定理讨论了参数的估计法,那时使用的符号和术语,至今仍然沿用。

　　而前面提到的高尔顿在回归方面的先驱性工作,也是这个时期中的主要发展,他在遗传研究中为了弄清父子两辈特征的相关关系,揭示了统计方法在生物学研究中的应用,他引进回归直线、相关系数的概念,创始了回归分析。

"高尔顿等人关于回归分析的先驱性的工作,以及时间序列分析方面的一些工作,……是数理统计学发展史中的重要事件。"——摘自《中国大百科全书》(数学卷)

法兰西斯·高尔顿(图 8.6)是英国人类学家、生物统计学家。他是生物统计学派的奠基人,他的表哥达尔文的巨著《物种起源》问世以后,触动他用统计方法研究智力遗传进化问题,第一次将概率统计原理等数学方法用于生物科学,明确提出"生物统计学"的名词。现在统计学上的"相关"和"回归"的概念也是高尔顿第一次使用的,他是怎样产生这些概念的呢?1870 年,高尔顿在研究人类身长的遗传时,发现以下关系:高个子父母的子女,其身高有低于其父母身高的趋势,而矮个子父母的子女,其身高有高于其父母的趋势,即有"回归"到平均数去的趋势,这就是统计学上最初出现"回归"时的含义。

图 8.6 高尔顿

高尔顿揭示了统计方法在生物学研究中是有用的,引进了回归直线、相关系数的概念,创始了回归分析。开创了生物统计学研究的先河。他于 1889 年在《自然遗传》中,应用百分位数法和四分位偏差法代替离差度量。在现在的随机过程中有以他的姓氏命名的高尔顿—沃森过程(简称 G—W 过程)。

由此,近代概率论和数理统计由于当时的社会环境以及各方需要开始进入了人们的视线,只不过相比之下数理统计较为缓慢而已。

8.2 分析概率的建立及发展和数理统计的正式确立

8.2.1 分析概率的建立

1)拉普拉斯的巨著——《分析概率论》

虽然高斯和拉普拉斯(图 8.7)做了许多概率论方面的工作,但是同一时期的理论和悖论相继发现使得概率论方面的研究较为混乱,并且没有统一的表述。这对于概率论的发展史很不利的。而比较系统整理了早期概率论理论体系(即古典概率)的人是拉普拉斯。从前面的介绍可得知,古典概率的集大成者,非其莫属。他的《分析概率论》出版,标志着古典概率论的成熟,并促使概率论向公式化和公理化方向发展,为近代概率论的蓬勃发展提供了前提条件。在该书中,拉普拉斯整理了当时几乎所有已知的概率和统计问题,汇集了他自己此前关于概率论的所有研究成果。其中最重要的事他证明了棣莫弗—拉普拉斯极限定理,即二项分布收敛于正态分布。这是连

图 8.7 拉普拉斯

接离散型随机变量与连续型随机变量的纽带。古典概率论只能处理有限可能结果的组合问题,现实中的问题比赌博问题复杂得多,且不再局限于离散型。正是由拉普拉斯创立了连续性概率论,开创了概率论新阶段。

2)中心极限定理和大数定律

说到以上的数学家,拉普拉斯、棣莫弗等人,他们在这一时期另一重要的发现就是中心极

限定理和大数定律。

最早的大数定律的表述可以追溯到之前提到过的发现点数问题的意大利数学家卡丹诺。1713 年,雅各布·伯努利(Jacob Bernoulli)正式提出并证明了最初的大数定律。不过当时现代概率论还没有建立起来,测度论、实分析的工具还没有出现,因此当时的大数定律是以"独立事件的概率"作为对象的。后来,历代数学家如泊松(Poisson,"大数定律"的名称来源于他)、切比雪夫(Chebyshev)、马尔科夫(Markov)、辛钦(Khinchin,"强大数定律"的名称来源于他)、伯雷尔(Borel)等都对大数定律的发展做出了贡献。1733 年,棣莫弗和拉普拉斯在分布的极限定理方面走出了根本性的第一步,证明了二项分布的极限分布是正态分布。这项历史性举措不但有之前提到的伟大成效,拉普拉斯改进了他的证明并把二项分布推广为更一般的分布。1900 年,李雅普诺夫进一步推广了他们的结论,并创立了特征函数法。这类分布极限问题是当时概率论研究的中心问题,卜里耶为之命名"中心极限定理"。20 世纪初,主要探讨使中心极限定理成立的最广泛的条件,二三十年代的林德贝尔格条件和费勒条件是独立随机变量序列情形下的显著进展。

中心极限定理有着有趣的历史。这个定理的第一版被法国数学家棣莫弗发现,他在 1733 年发表的卓越论文中使用正态分布去估计大量抛掷硬币出现正面次数的分布。这个超越时代的成果险些被历史遗忘,所幸拉普拉斯在 1812 年发表的巨著《Théorie Analytique des Probabilités》(即之前提到的《分析概率论》)中拯救了这个默默无名的理论。拉普拉斯扩展了棣莫弗的理论,指出二项分布可用正态分布逼近。但同棣莫弗一样,拉普拉斯的发现在当时并未引起很大反响。直到 19 世纪末中心极限定理的重要性才被世人所知。1901 年,俄国数学家李雅普洛夫用更普通的随机变量定义中心极限定理并在数学上进行了精确的证明。1935 年,费勒找到了满足中心极限定理的充要条件,后来数学界称这个条件为费勒条件。费勒在马尔科夫过程论的研究中对首先引用半群理论作了很有意义的研究。如今,中心极限定理被认为是(非正式地)概率论中的首席定理。

8.2.2　数理统计的正式确立

1)皮尔逊的贡献

在概率论进入中心极限定理和大数定律摸索时期之时,数理统计理论步入了发展的井喷

时代。之前正态分布带来的小小发展相比之下只能算是近代数理统计学的萌芽阶段。从 19 世纪到第二次世界大战结束,这是数理统计学史上极为重要的一段。现在,多数人倾向于把现代数理统计学的起点和达到成熟定为这个时期的始末。这是数理统计学蓬勃发展的一个时期,许多重要的基本观点、方法,统计学中主要的分支学科,都是在这个时期建立和发展起来的。以费歇尔(R. A. Fisher)和卡尔·皮尔逊(图 8.8)(Karl Pearson,1857 年 3 月 27 日—1936 年 4 月 27 日)为首的英国统计学派,在这个时期起了主导作用。继高尔顿之后,皮尔逊进一步发展了回归与相关的理论,成功地创建了生物统计学,并得到了"总体"的概念。1891 年之后,皮尔逊潜心研究区分物

图 8.8　卡尔·皮尔逊

种时用的数据的分布理论,提出了"概率"和"相关"的概念。接着,又提出标准差、正态曲线、

平均变差、均方根误差等一系列数理统计基本术语。皮尔逊致力于大样本理论的研究,他发现不少生物方面的数据有显著的偏态,不适合用正态分布去刻画,为此他提出了后来以他的名字命名的分布族,为估计这个分布族中的参数,他提出了"矩法"。为考察实际数据与这族分布的拟合分布优劣问题,他引进了著名的"χ^2 检验法",并在理论上研究了其性质。这个检验法是假设检验最早、最典型的方法,他在理论分布完全给定的情况下求出了检验统计量的极限分布。1901 年,他创办了《生物统计学》,使数理统计有了自己的阵地,这是 20 世纪初叶数学的重大收获之一。1908 年皮尔逊的学生戈赛特(Gusset)发现了 Z 的精确分布,创始了"精确样本理论"。他署名"Student"在《生物统计学》上发表文章,改进了皮尔逊的方法。他的发现不仅不再依靠近似计算,而且能用所谓小样本进行统计推断,并使统计学的对象由集团现象转变为随机现象。现"Student 分布"已成为数理统计学中的常用工具,"Student 氏"也是一个常见的术语。

2)费歇尔——现代数理统计奠基者之一

与皮尔逊齐名的英国实验遗传学家兼统计学家费歇尔(图 8.9)(Ronald Aylmer Fisher, 1890—1962),是将现代数理统计作为一门数学学科的奠基者之一。他开创的试验设计法,凭借随机化的手段成功地把概率模型带进了实验领域,并建立了用方差分析法来分析这种模型。费歇尔的试验设计,既把实践带入理论的视野内,又促进了实践的进展,从而大量地节省了人力、物力。试验设计这个主题,后来为众多数学家所研究。费歇尔还引进了显著性检验的概念,成为假设检验理论的先驱。他考察了估计的精度与样本所具有的信息之间的关系而得到信息量概念,他对测量数据中的信息,压缩数据而不损失信息,以及对一个模型的参数估计等贡献了完善的理论概念,他把一致性、有效性和充分性作为参数估计量应具备的基本性质。同时还在 1912 年提出了

图8.9 费歇尔

极大似然法,这是应用上最广的一种估计法。他在 20 年代的工作,奠定了参数估计的理论基础。关于 χ^2 检验,费歇尔 1924 年解决了理论分布包含有限个参数情况,基于此方法的列表检验,在应用上有重要意义。费歇尔在一般的统计思想方面也做出过重要的贡献,他提出的"信任推断法",在统计学界引起了相当大的兴趣和争论。而在 1925 年所著的《研究工作者的统计方法》影响力超过半个世纪,遍及全世界。他在 Roth Amsted 的工作结晶,同时也表现在为达尔文演化论澄清迷雾的巨著《天择的遗传理论》(1930)中,说明孟德尔的遗传定律与达尔文的理论并不像当时部分学者认为的互相矛盾,而是相辅相成的。并且认为演化的驱动力主要来自选择的因素远重于突变的因素。这本著作将统计分析的方法带入演化论的研究。为解释现代生物学的核心理论打下坚实的基础。费歇尔给出了许多现代统计学的基础概念,思考方法十分直观。他造就了一个学派,在纯粹数学和应用数学方面都建树卓越。

3)奈曼与假设检验

这个时期做出重要贡献的统计学家中除了上述两位,还包括奈曼(图 8.10)(Jerzy Neyman,1894—1981)。他与皮尔逊在从 1928 年开始的一系列重要工作中,发展了假设检验的系列理论。奈曼—皮尔逊假设检验理论提出和精确化了一些重要概念。该理论对后世也产生了巨大影响,它是现今统计教科书中不可缺少的一个组成部分。奈曼还创立了系统的置信区间

图8.10 奈曼

估计理论,早在奈曼工作之前,区间估计就已是一种常用形式。奈曼从1934年开始的一系列工作,把区间估计理论置于柯尔莫戈洛夫概率论公理体系的基础之上,因而奠定了严格的理论基础。他还把求区间估计的问题表达为一种数学上的最优解问题。这个理论与奈曼—皮尔逊假设检验理论,对于数理统计成为一门严格的数学分支起了重大作用。

4)数理统计正式确立

以费歇尔为代表人物的英国成为数理统计研究的中心时,美国在第二次世界大战中发展亦快。有三个统计研究组在投弹问题上进行了9项研究,其中最有成效的哥伦比亚大学研究小组在理论和实践上都有重大建树,而最为著名的是首先系统地研究了"序贯分析"。它被称为"30年代最有威力"的统计思想。"序贯分析"系统理论的创始人是著名统计学家沃德(Wald)。他是原籍为罗马尼亚的英国统计学家,于1934年系统发展了早在20年代就受到关注的序贯分析法。沃德在统计方法中引进的"停止规则"的数学描述,是序贯分析的概念基础,并已证明是现代概率论与数理统计学中最富于成果的概念之一。

显然,当一门学科的理论足够充实的时候便需要有人整理,并将之公理化。古典概率时期有拉普拉斯,此时有克拉梅尔。

1946年,瑞典数学家克拉梅尔出版了《统计数学方法》。这部著作收集了之前重大的数理统计研究成果。它的出现,标志着数理统计作为一门独立的数学分支正式确立。

而概率论方面在迈过了大数定律和中心极限定理之后,数学家们开始正式思考公理化的可行性。

8.3 近代概率论的基础和发展以及数理统计的第三阶段

8.3.1 近代概率论的基础和发展

1)概率论公理化体系的建立

从20世纪20年代开始,概率论的研究类型在很大程度上是由集合论和函数论的思想所决定的。通过对概率论基本概念的讨论与研究,可以发现事件的运算与集合的运算完全类似,这成为建立概率论逻辑基础的正确道路。在这方面的研究最彻底的是柯尔莫戈洛夫。而大数定律的出现于研究揭示了平均值的统计稳定性,即随机的规律性。最著名的莫过于马尔科夫的工作。他把随机变量相互独立的情况推广到变量相关的情况,把相关随机变量引入概率论研究。他推广了大数定律的适用性,但是充要条件是有柯尔莫戈洛夫于1926年得到的(弱大数定律)。法国数学家伯雷尔在1909年得到了强大数定律。正是由于对大数定律的深入研究,使得概率和测度论的联系越来越明显,从而度量函数的思想越来越深入概率论中。1925年,柯尔莫戈洛夫和辛钦共同把实变函数论的方法用于概率论,形成了概率论的测度论方法。而1933年柯尔莫戈洛夫的《概率论基础》,在测度论基础上建立起了概率论的公理化体系,奠定了近代概率论的基础。由此概率论就从半物理性质的科学变成了严格的数学分支,有了强大的逻辑基础。同一时期随机过程的产生则是近代概率论发展的重要标志之一。

2）随机过程的产生

古典概率论主要研究随机事件的概率或随机变量的分布，而现代概率论则主要研究无穷多个随机变量的集合，即研究随机过程。继马尔可夫链产生后，柯尔莫戈洛夫建立了马尔科夫过程的一般理论；美国数学家维纳由于研究控制论的需要，首先讨论了平稳过程的预测理论；1934年，苏联数学家辛钦建立了平稳随机过程理论；1937年，克拉梅尔开始研究随机过程的统计理论；美国数学家杜勃进一步研究随机过程，在经典鞅论上做了发展性的工作。

随机过程按研究的性质分类，又可分为马氏过程、平稳过程、点过程等。它与其他学科结合，又产生了许多边沿分支：与微分方程、数理统计、数论、几何、计算、数学相结合，出现了随机微分方程、过程统计、数论中的概率方法、几何概率、计算概率等。近十年间，还出现了无穷质点的随机过程、点过程现代理论、马氏过程与位势论等新研究方向。

8.3.2 数理统计学的第三阶段

1）数理统计学的实用性

从第二次世界大战后到如今，是统计学发展的第三个时期，这是一个在前一段发展的基础上，随着生产和科技的普遍进步，而使这个学科得到飞速发展的一个时期，同时，也出现了不少有待解决的大问题。这一时期的发展可总结为三方面。

在第二次世界大战前，已在生物、农业、医学、社会、经济等方面有不少应用，在工业和科技方面也有一些应用，而后一方面在战后得到了特别引人注目的进展。例如，归纳"统计质量管理"名目下的众多的统计方法，在大规模工业生产中的应用得到了很大的成功，目前已被认为是不可缺少的。统计学应用的广泛性，也可以从下述情况得到印证：统计学已成为高等学校中许多专业必修的内容；统计学专业的毕业生的人数，以及从事统计学的应用、教学和研究工作的人数大幅度增长；有关统计学的著作和期刊数量显著增长。

2）数理统计学的理论成就——统计决策理论和大样本理论

统计学理论也取得重大进展。理论上的成就，综合起来大致有两个主要方面：一个方面与沃德提出的统计决策理论，另一方面就是大样本理论。

沃德是20世纪对统计学面貌的改观有重大影响的少数几个统计学家之一。1950年，他发表了题为《统计决策函数》的著作，正式提出了"统计决策理论"。沃德本来的想法，是要把统计学的各分支都统一在"人与大自然的博弈"这个模式下，以便做出统一处理。不过，往后的发展表明，他最初的设想并未取得很大的成功，但却有着两方面的重要影响：一是沃德把统计推断的后果与经济上的得失联系起来，这使统计方法更直接用到经济性决策的领域；二是沃德理论中所引进的许多概念和问题的新提法，丰富了以往的统计理论。

贝叶斯统计学派的基本思想，源出于英国学者 T. 贝叶斯（图8.11）（Thomas R. Bayes，1702—1761）的一项工作，发表于他去世后的1763年，后世的学者把它发展为一整套关于统计推断的系统理论。信奉这种理论的统计学者，就组成了贝叶斯学派。这个理论在两个方面与传统理论（即基于概率的频率解释的那个理论）

图8.11 贝叶斯

有根本的区别：一是否定概率的频率的解释，这涉及与此有关的大量统计概念，而提倡给概率以"主观上的相信程度"这样的解释；二是"先验分布"的使用，先验分布被理解为在抽样前对推断对象的知识的概括。按照贝叶斯学派的观点，样本的作用在于且仅在于对先验分布作修改，而过渡到"后验分布"——其中综合了先验分布中的信息与样本中包含的信息。近几十年来其信奉者越来越多，二者之间的争论，是第二次世界大战后时期统计学的一个重要特点。在这种争论中，提出了不少问题促使人们进行研究，其中有的是很根本性的。贝叶斯学派与沃德统计决策理论的联系在于：这二者的结合，产生"贝叶斯决策理论"，它构成了统计决策理论在实际应用上的主要内容。

3）计算机带来的影响

电子计算机的应用对统计学的影响。这主要在以下几个方面。首先，一些需要大量计算的统计方法，过去因计算工具不行而无法使用，有了计算机，这一切都不成问题。在战后，统计学应用越来越广泛，这在相当程度上要归功于计算机，特别是对高维数据的情况。

计算机的使用对统计学另一方面的影响是：按传统数理统计学理论，一个统计方法效果如何，甚至一个统计方法如何付诸实施，都有赖于决定某些统计量的分布，而这常常是极困难的。有了计算机，就提供了一个新的途径：模拟。为了把一个统计方法与其他方法比较，可以选择若干组在应用上有代表性的条件，在这些条件下，通过模拟去比较两个方法的性能如何，然后做出综合分析，这避开了理论上难以解决的难题，有极大的实用意义。

4）一个有趣的问题——蒙提霍尔问题

一个很有趣的问题曾经在 20 世纪末引领各界对其进行了热烈讨论。它就是著名的蒙提霍尔问题。

蒙提霍尔问题（Monty Hall Problem）也称为车羊问题或三门问题，是一个源自博弈论的数学游戏问题，大致出自美国的电视游戏节目"Let's Make a Deal"。问题的名字来自该节目的主持人蒙提·霍尔（Monty Hall），亦称三门问题。

这个游戏的玩法是：参赛者会看见三扇关闭了的门，其中一扇的后面有一辆汽车或者是奖品，选中后面有车的那扇门就可以赢得该汽车或奖品，而另外两扇门后面则各藏有一只山羊或者是后面没有任何东西。当参赛者选定了一扇门，但未去开启它时，知道门后情形的节目主持人会开启剩下两扇门的其中一扇，露出其中一只山羊。主持人其后会问参赛者要不要换另一扇仍然关上的门。问题是：换另一扇门会否增加参赛者赢得汽车的概率？如果严格按照上述的条件的话，答案是换门的话，赢得汽车的概率是 2/3。

该问题亦被叫作蒙提霍尔悖论：虽然该问题的答案在逻辑上并不自相矛盾，但十分违反直觉。

这里有几个点作为前提需要注意：

（1）猜奖人与主持人不认识，防止主持人和猜奖人之间有性格问题影响判断。

（2）假设猜奖人完全从概率学上考虑这个问题，不掺杂个人情感。

《科学世界》2009 年 9 月期的第 47 页有对这个问题做解释，其解释内容摘录如下：

"在主持人打开门 B 之前，选择门 A 中奖的概率为 1/3，不中奖的概率为 2/3。这就是说，选 B 或 C 的中奖概率为 2/3。对以上分析大概不会有人提出疑义，关键在于猜奖人选择门 A 之后主持人打开了门 B，并已经证明它后面没有奖品，这就附加了条件。原来是两扇门 B 和 C

共同具有 2/3 的中奖概率,现在已经排除了 B 中奖的可能性,这个概率就为门 C 所独有。因此,这时选择门 C 中奖的概率为 2/3,比起门 A 的 1/3 概率,自然改变主意改选门 C 是明智的。"

8.4 名人那些事

Cardano(1501—1576)是意大利米兰的学者。他有多方面的才干,曾写过一本概率对局的书,这是有关概率论最早的一本书。他性喜赌博,因而对概率产生了兴趣。

布莱士・帕斯卡(1623—1662)是法国数学家、物理学家、思想家。在与费马(Pierre Fermat)的通信中讨论赌金分配问题,对早期概率论的发展颇有影响。

皮埃尔・德・费马(1601 年 8 月 17 日—1665 年 1 月 12 日),法国律师和业余数学家。他在数学上的成就不比职业数学家差,他似乎对数论最有兴趣,亦对现代微积分的建立有所贡献。被誉为"业余数学家之王"。

惠更斯(Christian Huygens)(1629—1695)荷兰人,最先提出概率的数篇论文,开拓了后世研究统计学的途径。公元 1657 年,荷兰的惠更斯在概率方面做出了重要的贡献,在一篇题为《论赌博中的推理》的文章中解决了许多新问题,特别是引进了"数学期望"这一重要的概念。

拉普拉斯(Laplace,Pierre-Simon,marquisde ,1749 年 3 月 23 日—1827 年 3 月 5 日),法国著名数学家、天文学家和法国科学院院士。拉普拉斯是天体力学的主要奠基人,是天体演化学的创立者之一,是分析概率论的创始人,是应用数学的先驱。拉普拉斯生于法国诺曼底的博蒙,父亲是一个农场主,他从青年时期就显示出卓越的数学才能,18 岁时离家赴巴黎,决定从事数学工作。于是带着一封推荐信去找当时法国著名学者达朗贝尔,但被后者拒绝接见。拉普拉斯就寄去一篇力学方面的论文给达朗贝尔。这篇论文出色至极,以至达朗贝尔忽然高兴得要当他的教父,并使拉普拉斯被推荐到军事学校教书。此后,他同拉瓦锡在一起工作了一个时期,他们测定了许多物质的比热。

1780 年,他们两人证明了将一种化合物分解为其组成元素所需的热量就等于这些元素形成该化合物时所放出的热量。这可以看作是热化学的开端,而且,它也是继布拉克关于潜热的研究工作之后向能量守恒定律迈进的又一个里程碑,60 年后这个定律终于瓜熟蒂落地诞生了。

拉普拉斯的主要注意力集中在天体力学的研究上面,尤其是太阳系天体摄动,以及太阳系的普遍稳定性问题。他把牛顿的万有引力定律应用到整个太阳系,1773 年解决了一个当时著名的难题:解释木星轨道为什么在不断地收缩,而同时土星的轨道又在不断地膨胀。拉普拉斯用数学方法证明行星平均运动的不变性,并证明为偏心率和倾角的 3 次幂。这就是著名的拉普拉斯定理,从此开始了太阳系稳定性问题的研究。同年,他成为法国科学院副院士,1784—1785 年,他求得天体对其外任一质点的引力分量可以用一个势函数来表示,这个势函数满足一个偏微分方程,即著名的拉普拉斯方程。1785 年他被选为科学院院士。1786 年证明行星轨道的偏心率和倾角总保持很小和恒定,能自动调整,即摄动效应是守恒和周期性的,即不会积累也不会消解。1787 年发现月球的加速度同地球轨道的偏心率有关,从理论上解决了太阳系动态中观测到的最后一个反常问题。

1796 年他的著作《宇宙体系论》问世,书中提出了对后来有重大影响的关于行星起源的星云假说。他长期从事大行星运动理论和月球运动理论方面的研究,在总结前人研究的基础上取得大量重要成果,他的这些成果集中在 1799—1825 年出版的 5 卷 16 册巨著《天体力学》之内。在这部著作中第一次提出天体力学这一名词,是经典天体力学的代表作。这一时期中席卷法国的政治变动,包括拿破仑的兴起和衰落,没有显著地打断他的工作,尽管他是个曾染指政治的人。他的威望以及他将数学应用于军事问题的才能保护了他。他还显示出一种并不值得佩服的在政治态度方面见风使舵的能力。拉普拉斯在数学上也有许多贡献。拉普拉斯用数学方法证明了行星的轨道大小只有周期性变化,这就是著名拉普拉斯的定理。他发表的天文学、数学和物理学的论文有 270 多篇,专著合计有四千多页。其中最有代表性的专著有《天体力学》、《宇宙体系论》和《分析概率论》。1796 年,他发表《宇宙体系论》。因研究太阳系稳定性的动力学问题被誉为法国的牛顿和天体力学之父。

棣莫弗(Abraham de Moivre,1667—1754)法国人,1711 年撰写《抽签的计量》。1718 年出版《机遇论》,当中首次定义统计上独立事件的乘法定理,并给出二项分布的公式,在书中还有出现很多掷骰子和其他赌博游戏有关的问题。德莫佛—拉普拉斯中心极限定理就是以他的名字命名的。

K. 皮尔逊(Karl Pearson),19 世纪末,Francis Galton 和他开始研究统计推断的方法。在此期间,科学界对统计学的态度上有了较大的转变,并认知统计学的重要性。另外,很多先进的统计技巧,诸如标准差(standard deviation)、相关系数(correlation coefficient)和卡方检验(chi - square test)等,亦在此时逐渐发展出来。

奈曼(Jerzy Neyman,1894—1981),J. Neyman 及 E. Pearson 在一系列的杰出的文章中澄清了推断理论,特别是有关显著性检验的基本原理——其合理性以往是常被批评。他们看出,为了更有效,应该考虑与待检验的零假设相对应的备选假设。他们在这样的检验中设立两种错误类型并因此导致了他们的基本引理,似然比检验,及势的概念他们还引进了置信区间(confidence interval)的概念。

E. 皮尔逊(Egon Pearson,Karl Pearson 之子,1895—1980),J. Neyman 和 E. Pearson 的一些共同的论文介绍并强调第 Ⅱ 型错误(type Ⅱ error),检验的势(power of a test)和置信区间(confidence interval)的概念。此期间,工业界开始与质量控制结合,广泛地应用统计技巧。通过调查,对抽样理论及技巧的研究成果也明显增加。

T. 贝叶斯(Thomas R. Bayes, 1702—1761),英国数学家。首先将归纳理论法用于概率理论,创立贝叶斯统计理论。

费歇尔(Fisher,1890—1962)伟大的英国统计学家、数理统计学最主要的奠基者。由费歇尔所确立的统计推断理论、样本分布理论、试验计划法及分布理论对奠定 20 世纪统计学的基础理论做出了很大的贡献。

高斯(Carl Friedrich Gauss,1777—1855),德国数学家、统计学家,也是科学家。近代数学奠基者之一,在历史上影响之大,可以和阿基米德、牛顿、欧拉并列,有"数学王子"之称。发明了最小二乘法原理。概率论中最重要的一种分布——正态分布又称高斯分布,就是用他的名字来命名的。他创立了误差与正态分布理论,发明了最小二乘法原理。有人曾把高斯形容为:"能从九霄云外的高度按照某种观点掌握星空和深奥数学的天才";高斯自己可不这样看,他强调说:"假如别人和我一样深刻和持续地思考数学真理,他们会做出同样的发现的。"

他幼年时就表现出超人的数学天才。1795 年进入格丁根大学学习。第二年他就发现正十七边形的尺规作图法。并给出可用尺规做出的正多边形的条件,解决了欧几里得以来悬而未决的问题。

高斯的数学研究几乎遍及所有领域,在数论、代数学、非欧几何、复变函数和微分几何等方面都做出了开创性的贡献。他还把数学应用于天文学、大地测量学和磁学的研究,发明了最小二乘法原理。高理的数论研究 总结 在《算术研究》(1801)中,这本书奠定了近代数论的基础,它不仅是数论方面的划时代之作,也是数学史上不可多得的经典著作之一。高斯对代数学的重要贡献是证明了代数基本定理,他的存在性证明开创了数学研究的新途径。高斯在 1816 年左右就得到非欧几何的原理。他还深入研究复变函数,建立了一些基本概念,发现了著名的柯西积分定理。他还发现椭圆函数的双周期性,但这些工作在他生前都没发表出来。1828 年高斯出版了《关于曲面的一般研究》,全面系统地阐述了空间曲面的微分几何学,并提出内蕴曲面理论。高斯的曲面理论后来由黎曼发展。高斯一生共发表 155 篇论文,他对待学问十分严谨,只是把他自己认为是十分成熟的作品发表出来。其著作还有《地磁概念》和《论与距离平方成反比的引力和斥力的普遍定律》等。

高斯最出名的故事就是他十岁时,小学老师出了一道算术难题:"计算 1 + 2 + 3… + 100 = ?"。这可难为初学算术的学生,但是高斯却在几秒后将答案解了出来,他利用算术级数(等差级数)的对称性,然后就像求得一般算术级数和的过程一样,把数目一对对的凑在一起:1 + 100,2 + 99,3 + 98,…,49 + 52,50 + 51 而这样的组合有 50 组,所以答案很快的就可以求出是:101 × 50 = 5050。

1801 年高斯有机会戏剧性地施展他的优势的计算技巧。那年的元旦,有一个后来被证认为小行星并被命名为谷神星的天体被发现当时它好像在向太阳靠近,天文学家虽然有 40 天的时间可以观察它,但还不能计算出它的轨道。高斯只作了 3 次观测就提出了一种计算轨道参数的方法,而且达到的精确度使得天文学家在 1801 年末和 1802 年初能够毫无困难地再确定谷神星的位置。高斯在这一计算方法中用到了他大约在 1794 年创造的最小二乘法(一种可从特定计算得到最小的方差和中求出最佳估值的方法)在天文学中这一成就立即得到公认。他在《天体运动理论》中叙述的方法今天仍在使用,只要稍作修改就能适应现代计算机的要求。高斯在小行星"智神星"方面也获得类似的成功。

由于高斯在数学、天文学、大地测量学和物理学中的杰出研究成果,他被选为许多科学院和学术团体的成员。"数学之王"的称号是对他一生恰如其分的赞颂。

A. N. 柯尔莫戈洛夫,苏联数学家、教育家。1903 年 4 月 25 日出生于俄罗斯坦博夫城。1939 年当选为苏联科学院院士、主席团委员和数学研究所所长。1954 年担任莫斯科大学数学力学系主任。1966 年当选为苏联教育科学院院士。他还曾任《苏联大百科全书》数学学科的主编,长期担任《数学科学的成就》杂志的主编,创办《概率论及其应用》学术杂志和供中学生阅读的《量子》科普杂志。

参 考 答 案

第 1 章

1.5 基础练习题

一、判断题

1. √ 2. × 3. × 4. √ 5. √ 6. √

二、单选题

1. D 2. B 3. D 4. C 5. A 6. C 7. D 8. B 9. C

三、填空题

1. 0.4 2. 1、0 3. 0.7 4. $\dfrac{7}{12}$ 5. $\dfrac{1}{15}$ 6. $\dfrac{1}{6}$ 7. $\dfrac{3}{7}$ 8. $1-p$

9. $\dfrac{1}{4}$ 10. $\dfrac{2}{3}$

四、解答题

1. （1）$\dfrac{1}{12}$ （2）$\dfrac{1}{20}$

2. （1）$\dfrac{7}{15}$ （2）$\dfrac{14}{15}$ （3）$\dfrac{7}{30}$

3. $\dfrac{1}{1260}$

4. 0.1

5. （1）0.25 （2）$\dfrac{1}{3}$

6. 0.6、0.1

7. （1）$\dfrac{3}{2}p-\dfrac{p^2}{2}$ （2）$\dfrac{p(1-p)}{2}$ （3）$\dfrac{2p}{1+p}$

8. $\dfrac{20}{21}$

1.6 提高练习题

一、单选题

1. D   2. A   3. B   4. C

二、填空题

1. 0.2   2. $\dfrac{1}{6}$ 3. $\dfrac{2}{3}$ 4. $\dfrac{1}{3}$

三、解答题

1. (1) $p_1 = \dfrac{C_n^{2r} 2^{2r}}{C_{2n}^{2r}}$ (2) $p_2 = \dfrac{C_n^1 \cdot C_{n-1}^{2r-2} \cdot 2^{2r-2}}{C_{2n}^{2r}}$ (3) $p_3 = \dfrac{C_n^r}{C_{2n}^{2r}}$

2. (1) $p_1 = \dfrac{19}{56}$ (2) $p_2 = \dfrac{3}{19}$

3. (1) $\alpha \approx 0.94$ (2) $\beta \approx 0.85$

第 2 章

2.5 基础练习题

一、判断题

1. ×   2. √   3. √   4. √   5. ×   6. ×

二、单选题

1. C   2. A   3. D   4. B   5. B   6. A   7. B   8. C   9. C   10. A

三、填空题

1. 2   2. $\dfrac{22}{35}$ 3. $(1-p)^n + C_n^1 p(1-p)^{n-1}$ 4. $\dfrac{3}{4}$ 5. $-\dfrac{1}{2}$ 6. $\dfrac{32}{81}$ 7. 0.2

8. $U(1,2)$

四、解答题

1.

X	0	1	2
p	0.72	0.26	0.02

2. $P(X=k) = \dfrac{2k}{n(n+1)}, (k=1,2,\cdots,n)$

3. (1) $A=2$ (2) $F(x) = \begin{cases} 0, & x < 1 \\ 2\left(x + \dfrac{1}{x} - 2\right), & 1 \leqslant x < 2 \\ 1, & x \geqslant 2 \end{cases}$

4. (1)$\ln 2, 1, \ln \dfrac{5}{4}$　(2)$f(x) = \begin{cases} \dfrac{1}{x}, & 1 \leqslant x < \\ 0, & \text{其他} \end{cases}$

5. (1)0.9236　(2)$x \geqslant 57.575$

6. $\dfrac{4}{5}$

7. (1)$F(x) = \begin{cases} 1 - e^{-\lambda x}, & x > 0 \\ 0, & \text{其他} \end{cases}$　(2)e^{-1}　(3)$\dfrac{1}{\lambda}\ln 2$

2.6　提高练习题

一、单选题

1. A　2. C　3. D　4. C

二、填空题

1. $\dfrac{e^{-1}}{\sqrt{\pi}}$　2. $N(-\mu, \sigma^2)$　3. $\dfrac{1}{4\sqrt{2}}$

三、解答题

1. (1)$A = \dfrac{1}{\pi}$　(2)$\dfrac{1}{3}$　(3)$F(x) = \begin{cases} 0, & x < -1 \\ \dfrac{1}{2} + \dfrac{1}{\pi}\arcsin x, & -1 \leqslant x < 1 \\ 1, & x \geqslant 1 \end{cases}$

2. $f_Y(y) = \begin{cases} 0, & y < 1 \\ \dfrac{1}{y^2}, & y \geqslant 1 \end{cases}$

第　3　章

3.5　基础练习题

一、判断题

1. ×　2. √　3. √

二、单选题

1. A　2. B　3. D　4. A　5. B　6. B　7. A　8. A　9. B　10. A

三、填空题

1.

$\diagdown\ Y$ X	y_1	y_2	y_3	$P(X=x_i)=p_{i.}$
x_1	$\dfrac{1}{24}$	$\dfrac{1}{8}$	$\dfrac{1}{12}$	$\dfrac{1}{4}$
x_2	$\dfrac{1}{8}$	$\dfrac{3}{8}$	$\dfrac{1}{4}$	$\dfrac{3}{4}$
$P(Y=y_j)=p_{.j}$	$\dfrac{1}{6}$	$\dfrac{1}{2}$	$\dfrac{1}{3}$	1

2. $\dfrac{1}{2}$ 3. $\dfrac{1}{4}$ 4. $\dfrac{5}{7}$ 5. $F(y,x)$ 6. $\dfrac{1}{4}$ 7. $1-\dfrac{1}{2e}$

四、解答题

1. (1) $a+b=\dfrac{11}{24}$

(2) $a=\dfrac{1}{12}, b=\dfrac{3}{8}$

2. (1)

$\diagdown\ X$ Y	-1	0	1	
0	$\dfrac{1}{4}$	0	$\dfrac{1}{4}$	$\dfrac{1}{2}$
1	0	$\dfrac{1}{4}$	0	$\dfrac{1}{2}$
	$\dfrac{1}{4}$	$\dfrac{1}{2}$	$\dfrac{1}{4}$	

(2) X 与 Y 不相互独立

3. (1) $k=\dfrac{1}{8}$

(2) $\dfrac{3}{8}$

(3) $\dfrac{27}{22}$

(4) $\dfrac{2}{3}$

4. $f_Z(z)=\begin{cases}1-e^{-z}, & 0<z<1 \\ e^{1-z}-e^{-z}, & z\geqslant 1 \\ 0, & z\leqslant 0\end{cases}$

5. (1) $A=12$

(2) $f_X(x)=\begin{cases}4e^{-4x}, & x>0 \\ 0, & 其他\end{cases}$, $f_Y(y)=\begin{cases}3e^{-3x}, & y>0 \\ 0, & 其他\end{cases}$

（3）相互独立

$$6. f_z(Z) = \begin{cases} \dfrac{Z+1}{2}, & |Z| < 1 \\ 0, & \text{其他} \end{cases}$$

3.6 提高练习题

一、单选题

1. C　　2. A　　3. C　　4. B

二、填空题

1. $\dfrac{13}{48}$　　2. $f(-x, -y)$　　3. $\lambda = 2, 1 - e^{-4}$

三、解答题

1.（1）$f_X(x) = \displaystyle\int_{-\infty}^{+\infty} f(x,y)\,\mathrm{d}y = \begin{cases} 2 - 2x, & 0 \leqslant x \leqslant 1 \\ 0, & \text{其他} \end{cases}$；

（2）$f_Z(z) = P(Z \leqslant z) = \begin{cases} 0, & z < 0 \\ z^2, & 0 \leqslant z \leqslant 1 \\ 1, & z > 1 \end{cases}$, $f_Z(z) = F_Z'(z) = \begin{cases} 2z, & 0 \leqslant z \leqslant 1 \\ 0, & \text{其他} \end{cases}$

2.（1）$f_X(x) = \begin{cases} \dfrac{1}{2x}, & 1 \leqslant x \leqslant e^2 \\ 0, & \text{其他} \end{cases}$, $f_Y(y) = \begin{cases} \dfrac{1}{2}(e^2 - 1), & 1 \leqslant y \leqslant e^{-2} \\ \dfrac{1}{2y} - \dfrac{1}{2}, & e^{-2} < y \leqslant 1 \\ 0, & \text{其他} \end{cases}$

因 $f(x,y) \neq f_X(x) \cdot f_Y(y)$，所以 X、Y 不独立。

（2）$P(X + Y \geqslant 2) = 0.75$

3.（1）$f_Y(y) = \begin{cases} \dfrac{3}{8\sqrt{y}}, & 0 < y < 1 \\ \dfrac{1}{8\sqrt{y}}, & 1 \leqslant y < 4 \\ 0, & \text{其他} \end{cases}$

（2）$F\left(-\dfrac{1}{2}, 4\right) = \dfrac{1}{4}$

第 4 章

4.5　基础练习题

一、单选题

1. B　　2. C　　3. A　　4. A　　5. C　　6. D　　7. B　　8. B　　9. A　　10. C

二、填空题

1. 18.4　　2. 0　　3. 4　　4. 4　　5. $\sqrt{\dfrac{2}{\pi}}$　　6. $\lambda^2+\dfrac{1}{3}\lambda$　　7. $\lambda=1$　　8. 2、3

9. 4　　　10. 0.9

三、解答题

1. （1）$E(X)=1.2$　　（2）$E(X^2)=3$　　（3）$E(X+1)=2.2$

2. $a=e^{-\lambda},b=\lambda$

3. （1）$E(3Z)=3$　　（2）$E(e^{3Z})=0.25$

4. （1）$a=1.2$　　（2）0.7　　（3）0.2

5. （1）$a=\dfrac{1}{4},b=1,c=-\dfrac{1}{4}$　　　（2）$\dfrac{1}{4}e^4-\dfrac{1}{2}e^2+\dfrac{1}{4}$

6. 0.5、0.3、-0.1、0.3、0.25、0.21、-0.05、$-\dfrac{21}{\sqrt{21}}$

7. （1）5　　（2）$\dfrac{49}{3}$　　（3）$\dfrac{40}{3}$

8. （1）0.4、0.8　　（2）0.04、0.16　　（3）$-\dfrac{4}{75}$、$-\dfrac{2}{3}$

9. （1）$\dfrac{7}{6}$　　（2）$\dfrac{37}{36}$　　（3）$\dfrac{5}{6}$

10. $EZ=14166.67$

11. X 的分布律为：

（1）

X	0	1	2	4
P	$\dfrac{27}{125}$	$\dfrac{54}{125}$	$\dfrac{36}{125}$	$\dfrac{8}{125}$

（2）$F(x)=\begin{cases}0, & x<0\\[2mm]\dfrac{27}{125}, & 0\leqslant x<1\\[2mm]\dfrac{81}{125}, & 1\leqslant x<2\\[2mm]\dfrac{117}{125}, & 2\leqslant x<3\\[2mm]1, & x\geqslant3\end{cases}$　　（3）$EX=\dfrac{6}{5}$　　（4）$DX=\dfrac{18}{25}$

12. (1) $\dfrac{1}{3}$　　(2) $\dfrac{2}{\sqrt{\pi}}$

4.6　提高练习题

一、单选题

1. D　　2. B　　3. D　　4. A

二、填空题

1. 0.6、0.24　　2. 0.7　　3. e^{-1}

三、解答题

1. $EX = \dfrac{n}{p}, DX = \dfrac{n(1-P)}{p^2}$

2. $EX = 8.784$

3. $EZ = \dfrac{\sqrt{\pi}}{2}, DZ = 2 - \dfrac{\pi}{2}$

第 5 章

5.5　基础练习题

一、判断题

1. ×　　2. ×　　3. √　　4. ×　　5. √　　6. √

二、单选题

1. C　　2. B　　3. D　　4. C　　5. D　　6. B　　7. D　　8. B　　9. B

三、填空题

1. 2.94　　2. 0.95　　3. 4.8,9.225　　4. 0.8664　　5. 0.056　　6. 0.025　　7. 1/3

8. $\bar{X} \sim N(20, 3/5), \bar{X} - \bar{Y} \sim N(0,1), p\{|\bar{X} - \bar{Y}| > 1\} = 0.3174$　　9. $a = \dfrac{1}{20}, b = \dfrac{1}{100}, 2$

10. $\chi^2(n-1)\ t(n-1)$

四、解答题

1. 0.8293

2. $E(\bar{X}) = \lambda,\ D(\bar{X}) = \dfrac{\lambda}{n}, E(S^2) = \lambda$

3. 解: (1) $P^{\sum_{k=1}^{n} i_k}(1-P)^{n - \sum_{i=1}^{n} i_k}, i_k = 0$ 或 $1, k = 1, \cdots, n$

　　(2) $\sum_{i=1}^{n} X_i \sim b(n,p)$

$$(3) E(\overline{X}) = p, D(\overline{X}) = \frac{p(1-p)}{n}, E(S^2) = p(1-p)$$

4. 0.056

5. $C = \frac{1}{3}$ 时,$CY \sim x^2(2)$

6. 7

5.6　提高练习题

一、单选题

1. C　　2. C　　3. A　　4. D

二、填空题

1. $N\left(0, \dfrac{n-1}{n}\sigma^2\right)$　　2. 1/4,1　　3. 40

第 6 章

6.5　基础练习题

一、判断题

1. ×　　2. ×

二、单选题

1. C　　2. D　　3. B　　4. A　　5. A　　6. A　　7. C

三、填空题

1. $\dfrac{2}{3}\overline{X}$　　2. $\dfrac{2}{3}$　　3. $\overline{X}$　　4. $\hat{\mu}_2$　　5. $\dfrac{\overline{X}}{N}$　　6. $\dfrac{1}{n}\sum\limits_{i=1}^{n}$;$X_i \prod\limits_{i=1}^{n} p^{x_i}(1-p)^{1-x_i}$

7. $\prod\limits_{i=1}^{n}\dfrac{1}{\sqrt{2\pi}\sigma}e^{-\frac{1}{2\sigma^2}(X_i-\mu)^2}$

四、计算题

1. 矩估计 $\hat{\theta} = \dfrac{\overline{X}}{\overline{X}-3}$；最大似然估计：$\hat{\theta} = \dfrac{n}{\sum\limits_{i=1}^{n}\ln X_i - n\ln 3}$

2. 矩估计：0.32

　　极大似然估计：0.4

3. 矩估计：$\Rightarrow \hat{\theta} = \left(\dfrac{\overline{X}}{1-\overline{X}}\right)^2$；$\theta$ 的极大似然估计量：$\hat{\theta} = \dfrac{n^2}{\left(\sum\limits_{i=1}^{n}\ln X_i\right)^2}$

4. 矩估计：$\hat{\alpha} = \dfrac{2\bar{X} - 1}{1 - \bar{X}}$，$\alpha$ 的极大似然估计量：$\hat{\alpha} = -\left(1 + \dfrac{n}{\sum\limits_{i=1}^{n} \ln X_i}\right)$

5. (1) 令 $E(X) = \lambda = \bar{X} \Rightarrow \hat{\lambda} = \bar{X}$，此为 λ 的矩估计。

   (2) λ 的极大似然估计为 $\bar{X}$。

6. $\dfrac{1}{n}\sum\limits_{i=1}^{n}(X_i - \mu)^2$ 是 σ^2 的无偏估计。

7. (1) $(14.75, 15.15)$

   (2) $(14.71, 15.19)$

   (3) $(0.0199, 0.3069)$

   $\quad\;\;(0.1411, 0.2627)$

8. $(0.419, 5.598)$

   $(0.647, 2.366)$

6.6　提高练习题

一、填空题

1. $(9.108, 9.892)$　　　2. $1/2(n-1)$

二、计算题

1. 证：$ES^2 = E\left[\dfrac{1}{n-1}\sum\limits_{i=1}^{n}(X_i - \bar{X})^2\right] = \dfrac{1}{n-1}\left[\sum\limits_{i=1}^{n} EX_i^2 - nE(\bar{X})^2\right] = \dfrac{n}{n-1}(n\sigma^2 - \sigma^2) = \sigma^2$；

2. 解：(1) $\hat{\theta} = \dfrac{1}{n}\sum\limits_{i=1}^{n} X_i$；

   (2) $E(\hat{\theta}) = \dfrac{1}{n}\sum\limits_{i=1}^{n} E(X_i) = E(X) = \theta$，$\hat{\theta}$ 是 θ 的无偏估计。

3. $\hat{u} = \dfrac{1}{n}\sum\limits_{k=1}^{n} X_i$，$\hat{u}$ 是 u 的无偏估计。

4. 解：(1) (80 ± 1.238)

   (2) $(5.49, 17.42)$

5. (1) $\left(1 - \dfrac{1}{n}\right)\sigma^2$　　(2) $1 - \dfrac{\sigma^2}{n}$　　(3) $\dfrac{n}{2n-4}$

第　7　章

7.5　基础练习题

一、判断题

1. $\sqrt{}$　　2. $\times$

二、单选题

1. B　　2. A

三、计算题

1. 有显著性变化。

2. 接受。

3. 是正常状态。

7.6 提高练习题

1. 是。

2. (1)拒绝 H_0,接爱 H_1。

 (2)接受 H_0,拒绝 H_1。

3. 不能。

参 考 文 献

[1] 盛骤.概率论与数理统计[M].4版.北京:高等教育出版社,2008.

[2] 王幼军.拉普拉斯概率理论的历史研究[M].上海:上海交通大学出版社,2007.

[3] 徐传胜.概率论简史[J].数学通报,2004(10):36-38.

[4] 王丽霞.概率论与随机过程:理论、历史及应用[M].北京:清华大学出版社,2012.

[5] 陈希孺.数理统计学简史[M].长沙:湖南教育出版社,2005.